Solarer Wasserstoff – Technologie der Zukunft

D1719444

Zu diesem Buch

Die Erzeugergemeinschaft der Muschelzüchter e.V. (Wyk a. Föhr) hat sich das Ziel gesetzt, ihre Muschelkutter möglichst umweltfreundlich anzutreiben. Als eine Chance zeichnet sich ab, anstelle der herkömmlichen Dieselmotoren in der Zukunft Brennstoffzellen einzusetzen. Diese Brennstoffzellen könnten dann mit solar erzeugtem Wasserstoff betrieben werden. Die Muschelkutter würden fast lautlos und emissionsfrei ihren Dienst verrichten.

Ein derartiges Ziel ist nicht von heute auf morgen zu realisieren. Noch ist die Technik nicht so ausgereift, daß das ›solare Wasserstoffzeitalter‹ von der Muschelfischerei eingeläutet werden kann. Die nordfriesischen Muschelfischer legen deshalb jedoch nicht die Hände in den Schoß. Sie engagieren sich für ihr Ziel, indem sie den Dialog über die neue Technologie und über ihre Vision fördern.

Die Erzeugergemeinschaft der Muschelzüchter e.V. hat 1996 eine Konzeptstudie in Auftrag gegeben und Anfang 1997 eine Tagung zum Thema ›Solarer Wasserstoff – Technologie der Zukunft‹ im Nordfriesischen Innovations-Centrum (NIC) in Niebüll veranstaltet. Das – um einige Beiträge erweiterte und aktualisierte – Ergebnis dieser Tagung wird mit diesem Buch vorgelegt. Es ist zu hoffen, daß diese Dokumentation über den Stand der solaren Wasserstofftechnologie ihrer weiteren Entwicklung zusätzlichen Schub verleiht.

Paul Wagner
Geschäftsführer
der Erzeugergemeinschaft für Muschelzüchter e.V.

Solarer Wasserstoff – Technologie der Zukunft

mit Beiträgen von

Carsten Eusterbarkey, Volkmar Helbig,
Stefan Höller, Frank Josten, Peter H. Koske,
Uwe Küter, Harald Petersen,
Alfred Reinicke, Gunter Sattler, Lars P. Thiesen,
Werner Weppner

und einem Vorwort von
Rainder Steenblock,
Minister für Umwelt, Natur und Forsten des
Landes Schleswig-Holstein

SIGNET-VERLAG

ISBN 3-933205-05-0

Erstausgabe 1998

Herausgeber: Erzeugergemeinschaft für Muschelzüchter e.V., Wyk a. Föhr

Konzept/Redaktion: SIGNET-VERLAG GmbH
Rote Str. 17c · 24937 Flensburg

Titelgestaltung: Hans Grattenauer
Satz: FKA Reprotechnik, Flensburg
Druck und Bindung: Clausen & Bosse, Leck

Inhalt

Vorwort

Unsere heutige Art der Energieerzeugung und -nutzung auf der Basis der fossilen Energieträger Kohle, Erdöl und Erdgas ist mit dem Prinzip der Nachhaltigkeit nicht in Einklang zu bringen. Die zunehmende Erwärmung der Erdatmosphäre durch die Freisetzung von Treibhausgasen im Zuge der Nutzung fossiler Energieträger ist dafür ein deutliches Zeichen. Hinzu kommt, daß die Kernenergienutzung als Innovations- und Investitionsblockade für Techniken zur wirtschaftlichen Nutzung der erneuerbaren Energien wirkt.

In Zukunft muß der Energieverbrauch global absolut gesenkt und eine langfristig angelegte, umfassende Strategie der Energieeinsparung und -effizienzsteigerung unter Einbeziehung der Nutzung regenerativer (CO_2 - freier) Energien Grundlage unserer Energieversorgung sein. Dies ist aus Gründen des Klimaschutzes unerläßlich, aber es ist auch ein Gebot der ökonomischen Vernunft.

Die Chancen der Wasserstofftechnologie sind untrennbar mit der Weiterentwicklung kostengünstiger, regenerativer Energieformen in Kombination mit der Optimierung der Brennstoffzellentechnologie verbunden. Hierzu gibt es in Schleswig-Holstein eine Vielzahl von Forschungs- und Entwicklungsprojekten, die das Ziel haben, durch Nutzung des Energieträgers Wasserstoff unsere Ressourcen zu schonen und eine umweltfreundliche Energieversorgung zu etablieren. Die vorliegende Buchpublikation faßt den Stand der Entwicklung zusammen und zeigt die Richtung für die Forschung und Entwicklung der solaren Wasserstofftechnologie auf.

Die Problemlösungskraft der Technik ist zwar eine notwendige, aber keine hinreichende Voraussetzung für den Übergang von einer energie- und ressourcenverschwendenden Wirtschaftsweise zu einer langfristig umweltverträglichen Entwicklung. Erforderlich ist auch ein Umdenken auf der gesellschaftlich-ökonomischen Ebene. Eine stetig steigende,

langfristig kalkulierbare und aufkommensneutrale Energie-
steuer als erster Schritt einer ökologischen Steuerreform würde eine ökologische und ökonomische Schubkraft entfalten,
die nicht nur dem Klimaschutz dient, sondern auch der Wirtschaft kräftige Impulse für den notwendigen ökologischen
Strukturwandel gibt.

Ich freue mich, daß die Initiative zu diesem Buch von der
Erzeugergemeinschaft der Muschelzüchter e.V. ausgegangen
ist. Ich verbinde dies mit dem Wunsch, daß dieses Engage-
ment Früchte trägt und auch andere Wirtschaftszweige ermu-
tigt, sich für eine umweltfreundliche, klimaschonende Art der
Energieerzeugung und -nutzung einzusetzen und die dazu
notwendigen Schritte einzuleiten.

Rainder Steenblock
Minister für Umwelt, Natur und Forsten
des Landes Schleswig-Holstein

Photovoltaik: Effizienz von Solarzellen

In diesem Aufsatz wird der Versuch unternommen, den aus Sicht des Autors zwingend notwendigen, forcierten Ausbau der Photovoltaik zu begründen, die physikalischen Grundlagen zu referieren und das Potential dieser Technik abzuschätzen. Ausgangspunkt der Betrachtungen ist die fundamentale Tatsache, daß ein begrenztes System langfristig kein exponentielles Wachstum zuläßt. Jedem ist der Versuch mit der Bakterienkultur in der Petrischale bekannt, bei dem nur im Anfangsstadium ein exponentielles Wachstum zu beobachten ist, bei dem aber nach der Erschöpfung der Resourcen der Kollaps folgt. Keiner weiß exakt, wieviele Menschen auf der Erde gleichzeitig leben können. Es ist nur bekannt, daß diese Zahl endlich ist. Die nur mit einer gewissen Unsicherheit bekannte Entwicklung der Erdbevölkerung läßt heute, wenn überhaupt, nur eine geringfügige Abweichung von einem exponentiellen Anwachsen erkennen. Dramatischer ist es noch mit der Energienachfrage. Da grob ein Viertel der Erdbevölkerung in den industrialisierten Ländern für etwa 3/4 des weltweiten Energieumsatzes verantwortlich ist, besteht ein großer Nachholbedarf des restlichen Dreiviertels der Menschen, denen heute nur ein Viertel der von allen eingesetzten Primärenergie zur Verfügung steht. Dies führt zu einem etwa 3-prozentigen Anstieg des jährlichen Primärenergieeinsatzes. Bedenkt man die teilweise dynamische Entwicklung in den Schwellenländern, so erscheint in Zukunft auch ein höherer Anstieg nicht ausgeschlossen. Die Einsicht, daß der Belastbarkeit der Umwelt Grenzen gesetzt sind, könnte jedoch auch dazu führen, daß sich der Anstieg abflacht. In Abbildung 1 ist für vier verschiedene Annahmen des prozentualen Zuwachses dargestellt, wann die vom Menschen umgesetzte Energie welchen Anteil an der Solargrenze erreicht. Damit bezeichnet man die Leistung, die von der Sonne auf die gesamte Erdoberfläche gestrahlt wird. Die Solargrenze wäre nach der Abbildung bei der Annahme eines 5-

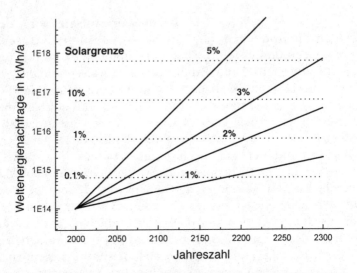

Abb. 1: Abschätzung der Weltenergienachfrage bei 1-, 2-, 3- und 5-prozentigen jährlichem Anstieg für die nächsten 300 Jahre. Zum Vergleich dazu sind die Solargrenze und Bruchteile von ihr angegeben.

prozentigen jährlichen Anstieges der Energienachfrage in etwa 170 Jahren erreicht. Bei geringeren Zuwachsraten entsprechend später. Es ist jedoch offensichtlich, daß Auswirkungen auf das Klima der Erde schon bei wesentlich geringeren Werten der Weltenergienachfrage einsetzen würden. Bei dem derzeitigen ca. 3-prozentigen Zuwachs wären schon in rund 60 Jahren 0.1% erreicht. Dies bedeutet, daß die Menschen durch die Abwärme ihrer Kraftwerke und ihren übrigen Energieumsatz die Erdatmosphäre direkt aufheizen würden. Dabei ist der zur Zeit vieldiskutierte anthropogene Treibhauseffekt noch gar nicht berücksichtigt. Abhängig davon in welchem Maße in 60 Jahren die Nutzung der fossilen Energieträger die Energienachfrage deckt, würde der Treibhauseffekt noch zusätzlich für eine Erwärmung der Erdatmosphäre sorgen. Konsequenz dieser Überlegungen ist es, daß weder die fossilen

Rohstoffe noch die Kernenergie - sei es in Form von Spaltungs- oder von Fusionsreaktoren - mittel- und langfristig die Energieversorgung umweltverträglich sichern können. Damit die globale Energiebilanz der Erde nicht nachhaltig durch die menschlichen Aktivitäten gestört wird, ist nur eine Nutzung der sogenannten alternativen Energiequellen langfristig zu verantworten. Dazu zählen thermische Kollektoren, Photovoltaikzellen, Wind- und Wasserkraftanlagen genauso wie der Einsatz der Biomasse zur Strom- und Wärmeerzeugung, um nur die wichtigsten zu nennen. Allen ist gemeinsam, daß sie die Energie, die die Sonne der Erde zustrahlt, nutzbar machen und damit zumindest in erster Näherung Klima-neutral sind. Bei einer detaillierteren Betrachtung muß man natürlich berücksichtigen, daß für eine Nutzung der Solarenergie in einem Maße, wie hier angedacht, große Bereiche der Erdoberfläche mit Absorbern belegt werden müßten, so daß über die Veränderung der Albedo doch in die „natürliche" Bilanz eingegriffen werden würde. Akzeptiert man die These, daß Kohle, Erdgas, Erdöl und auch die Kernenergie langfristig ersetzt werden müssen, so muß die Frage geklärt werden, welche der verschiedenen alternativen Energieträger welche Rolle in einem zukünftigen Versorgungssystem übernehmen können. Neben der Windenergie und in geringerem Maße der Wasserkraft wird bei der Stromerzeugung die Photovoltaik wegen ihres großen technischen Potentiales eine zentrale Rolle übernehmen.

Die Solarzelle: Bei der Umwandlung von Sonnenlicht in Strom nutzt man den inneren Photoeffekt. Dieser tritt bei Halbleitermaterialien auf, bei denen der Abstand zwischen Valenzband und Leitungsband kleiner ist als die Photonenenergie der Lichtquelle. Für den Bau von Solarzellen ist z.B. Silizium ein geeigneter Ausgangsstoff, auf den sich zunächst die folgenden Überlegungen beziehen. Wird in einer Siliziumschicht durch die Absorption eines Sonnenphotons ein Elektron aus dem Valenzband in das Leitungsband gehoben, so entsteht im Valenzband ein positives Loch. Ohne weitere Maßnahmen würden Elektron und Loch nach einer kurzen Zeit wieder rekombinieren. Um dies zu verhindern, nutzt man das innere elektrische Feld einer Grenzschicht, die durch den Sprung in der Leitfähigkeit erzeugt werden kann, wenn man unterschiedlich dotiertes Silizium in Kontakt bringt. In Abbildung 2 ist so eine p-n Diode schematisch dargestellt. Dabei bezeichnet man mit „n-dotiert" Silizium, bei dem fünfwertige Fremdatome als Donatoren in das Kristallgitter eingebaut wurden, so daß ein Überschuß an Elektronen entsteht. Dotiert man entsprechend Silizium-Kristalle mit dreiwertigen Fremdatomen, so wirken diese als Elektronen-Akzeptoren. Man spricht dann von „p-dotiertem" Silizium. Bringt man einen p-dotierten und einen n-dotierten Kristall in Kontakt, so entstehen in der Grenzschicht steile Gradienten der Konzentrationen der beweglichen Elektronen im Leitungsband und der beweglichen Löcher im Valenzband. Diese bewirken Diffusionsströme, die so gerichtet sind, daß sie die Gradienten abbauen. Es kommt zu einer Verarmung an beweglichen Ladungsträgern in der p-n-Grenzschicht und im p-Gebiet zu einer negativen Raumladung, die zusammen mit der entsprechenden positven Raumladung im n-Gebiet ein elektrisches Feld hervorrufen, das so gerichtet ist, daß es die Ladungsträger wieder zurücktreibt. Stationäres Gleichgewicht stellt sich ein, wenn die Summe aus Diffusionsstrom und Feldstrom Null ergibt. Bestrahlt man nun den p-n-Übergang mit Licht, so werden durch die Absorption von Photonen zusätzliche freie Elektronen in das Leitungsband gehoben, wenn die Photonen eine Energie besitzen, die größer ist als die des Bandabstandes. Dadurch entstehen ebenfalls mehr Löcher im Valenzband. Durch die Diffusionsspannung über der Grenzschicht werden die Photoelektronen in die n-Schicht und die Löcher in die p-Schicht wandern und dadurch den Potentialsprung an der Grenz-schicht gegenüber dem unbeleuchteten Zustand verändern. Die Differenz kann man als Photospannung im Leerlauf an den Enden der p-n-Diode messen. Verbindet man p- und n-Schicht mit einem Widerstand als Verbraucher, so fließt auf Grund der Photospannung ein Strom durch den Verbraucher, der die Leerlaufspannung vermindert. Photostrom und Photospannung sind für verschiedene Lastwiderstände schematisch in Abbildung 3 gezeigt. Optimale Leistung gibt die Photozelle ab, wenn das Produkt aus Strom und Spannung maximal wird. Durch geeignete Wahl des Lastwiderstandes kann man also den optimalen Arbeitspunkt A der Photozelle einstellen, wie dies in der Zeichung angedeutet ist.

Wesentlich für den Einsatz in der Energieversorgung ist der Wirkungsgrad der Solarzelle. Der Wirkungsgrad ist definiert als Quotient aus der eingestrahlten Sonnenleistung und der von der Zelle abgegebenen elektrischen Leistung, dem Produkt aus Strom und Spannung. Für die derzeit auf dem Markt erhältlichen Zellen liegt der Wirkungsgrad zwischen ca. 12% und 17%. Grund für diesen geringen Wirkungsgrad sind verschiedene Verlustmechanismen, die hier nur kurz aufgezählt seien: wegen der langwelligen Grenze des Photoeffektes bei $h^*\nu = E_g$ kann nur der Teil der Photonen von der Sonne ein Elektron vom Valenzband in das Leitungsband heben, der eine Energie besitzt, die größer ist als die des Bandabstandes. Aber auch deren Energie läßt sich nicht vollständig für die Stromgewinnung nutzen. Ist die Energie der Photonen größer als E_g, so wird die überschüssige Energie dem Photoelektron in Form von kinetischer Energie übertragen, die durch Stöße in Wärme gewandelt wird und damit verlorengeht. Weiter können in der Grenzschicht erzeugte Elektronen auch durch Rekombination verloren gehen, bevor sie zum Photostrom beitragen. Außerdem läßt sich auch bei optimaler Wahl des Lastwiderstandes die Leistungsentnahme nur unvollständig an die Strom-Spannungs-Charakteristik der Zelle (Abb. 3) anpassen.

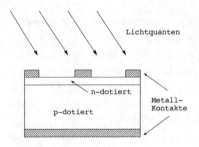

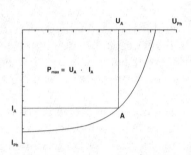

Abb. 2: Schematische Darstellung einer Solarzelle.

Abb. 3: Strom-Spannungs-Charakteristik einer Solarzelle mit optimalem Arbeitspunkt A.

Das Rechteck $P_{max} = U_A * I_A$ füllt die Fläche unter der Charakteristik selbst in günstigen Fällen nur zu etwa 90 %. Neben den bisher beschriebenen p-n-Übergängen sind auch andere Anordnungen zur Ladungstrennung denkbar. Bedeutung haben dabei besonders Grenzschichten zwischen verschiedenen Halbleitermaterialien (z.B. CdS-Cu_2S-Dünnschicht-Zellen oder GaAlAs-GaAs-Zellen) oder Halbleiter-Metall-Kontakte (Schottky-Zellen) erlangt. Einen Vergleich des theoretisch erreichbaren Wirkungsgrades mit Zellen aus unterschiedlichen Materialien zeigt Abbildung 4. Die maximale Zellenspannung liegt ungefähr zwischen der Hälfte und Zweidrittel des Wertes der Bandlücke. Größere Energielücken bedeuten aber ein Absinken des Stromes, da weniger Photonen mit ausreichender Energie zur Verfügung stehen. Für kleinere Bandlücken erhöht sich zwar der Strom, dafür sinkt jedoch die Spannung und überdies geht dabei der oben erwähnte Wärmeverlust durch die Überschußenergie der Photonen in die Höhe. Materialien mit einer Bandlücke, die besonders gut an das Energiespektrum der Sonne (Abb. 4, gestrichelte Kurve) angepaßt ist, wären danach Galliumarsenid oder Cadmiumtellurid. Aber auch kristallines oder hydrogeniertes amorphes Silizium liegen noch recht günstig und würden in unseren Breitengraden

einen maximalen Wirkungsgrad zwischen 24% und 25% ergeben. Der höchste bisher berichtete Wirkungsgrad für Siliziumm-
zellen liegt (1994) bei 24% und wurde mit hocheffizienten Zellen erzielt, die an der University of New South Wales (Australien) entwickelt wurden [1]. Abbildung 5 zeigt eine solche
PERL-Solarzelle (Passivated Emitter and Rear Locally-diffused).

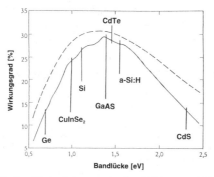

Abb. 4: Theoretischer Verlauf des maximalen Wirkungsgrades in Abhängigkeit
von der Energielücke des Halbleitermaterials für Mitteleuropa. Gestrichelt der
Verlauf für die Strahlung eines schwarzen Körpers von 6000 Kelvin ohne
Berücksichtigung der Erdatmosphäre.

Der hohe Wirkungsgrad der Zellen wurde durch verschiedene Maßnahmen möglich. Einmal wird extrem reines, mono-
kristallines Silizium verwendet (Verunreinigungen $< 10^{10}$ cm^{-3}).
Zur Reflexionsminderung ist die Zelle zweifach entspiegelt
und auf ihrer Oberfläche werden durch einen anisotropen
Ätzprozeß kleine Strukturen ($< 10\mu$m) erzeugt, die wie umgekehrte Pyramiden aussehen. Die Kontaktfinger auf der Oberseite sind haarfein und zur Verminderung des Widerstandes
aus Silber. Ober- und Unterseite sind mit dünnen Silizium-
oxidschichten belegt (passivated-emitter). In diesen isolieren-
den Schichten befinden sich feine Löcher, die den Stromfluß
ermöglichen. Zur Verbesserung des elektrischen Kontaktes

zwischen Halbleiter und Metallelektrode wird der Halbleiter in der Umgebung der Löcher extrem hochdotiert (locally-diffused). Zellen dieses Types wurden bereits in kleineren Stückzahlen (~ 20 000) produziert und in Spezialfällen eingesetzt (z.B. Honda „Dream", Sieger der Solar-Auto-Ralley „World Solar Challenge", Australien 1996). Auf dem Markt erhältlich ist dagegen ein anderer Typ von Solarzelle, der am gleichen Institut in Australien entwickelt wurde [1] und von verschiedenen Firmen weltweit in Lizenz produziert wird (BP Solar in Spanien z.B. 4 MW pro Jahr). Abbildung 6 zeigt diese sogenannte BCSC-Zelle (Buried Contact Solar Cell). Wesentliches Merkmal dieses Zelltyps ist es, daß die Kontaktfinger auf der Oberseite in Gräben liegen, die mit Lasern eingeschnitten werden. Man erreicht dadurch einen großen Querschnitt der Kontakte und damit einen kleinen Widerstand bei einer etwa um einen Faktor 10 geringeren Abschattung verglichen mit siebgedruckten Kontakten. Die Oberfläche ist zusätzlich mit „random pyramids" belegt, die die Reflexion vermindern und diesen Zelltyp besonders bei geringer Lichtintensität effizienter machen. In Laborversuchen wurde mit solchen Zellen ein Wirkungsgrad von über 20% erzielt. Für die Zellen aus der Serienfertigung wird ein Wirkungsgrad von 17% angegeben.

Höhere Wirkungsgrade lassen sich grundsätzlich mit Mehrschichtzellen erreichen. Solche Tandem-Solarzellen bestehen aus zwei oder auch noch mehr übereinander-liegenden Zellen, die aus Halbleitern mit spektral unterschiedlichen Absorptionskanten gefertigt sind. Dadurch kann das angebotene Sonnenspektrum besser ausgenutzt werden. Erhält man bei einer Einfach-Solarzelle den besten Wirkungsgrad (siehe Abb. 4), wenn der Bandabstand des Halbleitermateriales bei ca. 1.4 eV am besten der angebotenen Strahlung angepaßt ist, so verwendet man bei Zweischicht-Tandemzellen für die obere Zelle Materialien, die mehr im kurzwelligen Spektralbereich das einfallende Sonnenlicht absorbieren. Der durchgelassene langwelligere Bereich wird dann von der Halbleiterschicht der unteren Zelle absorbiert. Bei Tandem-Zellen aus einkristallinen Halbleitern ergibt sich ein theoretischer Wirkungsgrad von über 40%. Für eine GaInP/GaAs Zelle wird ein erreichter Wirkungsgrad von 30.3% berichtet [2]. Diese Zellen sind zwar noch nicht marktreif, zur Reduktion der Kosten für Solarstrom ist jedoch die Entwicklung von Solarzellen mit möglichst großem Wirkungsgrad außerordentlich wichtig. Das häufig verwendete Argument, daß die höheren Herstellungskosten von hocheffizienten Zellen einer Markteinführung entgegenstehen, ist zumindest in dieser Allgemeinheit nicht gültig. In einer Studie des amerikanischen Department of Energy (DOE) wird für einen für das Jahr 2000 angestrebten Solar-Strompreis von 6 cent/kWh abgeschätzt, daß Zellen mit einem Wirkungsgrad von 20% das Sechsfache von dem kosten dürfen, was man für solche mit einem 10-prozentigen Wirkungsgrad bezahlen muß. Zellen mit 25% Wirkungsgrad dürfen danach sogar fast 10 mal so teuer sein. Man sollte also auch der Weiterentwicklung von Tandem-Solarzellen große Aufmerksamkeit schenken.

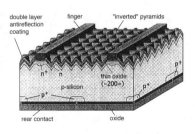

Abb. 5: PERL-Solarzelle [1].

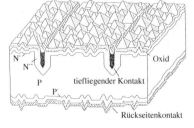

Abb. 6: BCSC-Solarzelle [1].

Potential und gegenwärtiger Stand: Die Diskussion um das Potential der Photovoltaik wird häufig dadurch erschwert, daß der Begriff des Potentials nicht sauber definiert wird. Nach [3] ist es sinnvoll, zwischen theoretischem, technischem, wirtschaftlichem und erschließbarem Potential zu unterscheiden. Das theoretische Potential ergibt sich aus dem gesamten Strahlungsangebot der Sonne. Es ist für die tatsächliche Nutzbarkeit wenig aussagekräftig. Das technische Potential ist derjenige Teil des theoretischen, der mit der jeweils zur Verfügung stehenden Technik nutzbar ist. Da es vom Stand der Technik abhängt, verändert es sich mit der Zeit. Das wirtschaftliche Potential ist ebenfalls zeitabhängig. Es wird von den Preisen der konkurrierenden Energieträger beeinflußt und ist damit auch von politischen Entscheidungen abhängig. Das erschließbare Potential umfaßt den Teil des wirtschaftlich nutzbaren, von dem man erwarten kann, daß er tatsächlich auch kurzfristig zu Energieversorgung beitragen wird. Es ist in der Regel geringer als das wirtschaftliche Potential, da dieses ja im allgemeinen nicht sofort ausgeschöpft werden kann. Das Erschließungspotential kann aber zeitweise auch größer sein als das wirtschaftlich nutzbare, wenn nämlich durch Subventionen oder andere administrative Maßnahmen der Ausbau gefördert wird. Dies war in Deutschland z.B. mit dem 1000-Dächer Programm für Photovoltaik-Anlagen für einige Jahre der Fall. Zur Zeit fördern einzelne Kommunen durch eine die Kosten deckende Einspeisevergütung für PV-Anlagen den Ausbau der Photovoltaik.

In [3] wird das derzeitige technische Potential der Photovoltaik abgeschätzt. Je nach Solarzellen-Typ kommen die Autoren zu installierbaren Anlagenleistungen zwischen 49 und 115 GW auf Dachflächen und zwischen 210 und 490 GW auf Ackerflächen. Dies würde ein Stromerzeugungspotential ergeben, das bezogen auf die Bruttostromerzeugung in Deutschland (526,1 TWh in 1993) bei 7.6 bis 21% für die Dachflächen und bei 34 bis 95% für die Freiflächen liegt. Diesen Zahlen muß man die tatsächlich installierten Leistungen gegenüberstellen (Abbildung 7). Neben der erfreulichen Feststellung, daß in dem in Abb. 7 dargestellten Zeitraum der Zubau einen recht beachtlichen Umfang hatte, muß man auch erkennen, daß trotz erheblicher Förderbemühungen die installierten Anlagen noch keinen nennenswerten Beitrag zur Stromerzeugung liefern können.

Die im Rahmen des 1000-Dächer Programmes in Deutschland installierten Photovoltaikanlagen sind netzgekoppelt. Sie besitzen also einen Wechselrichter, der die Gleichspannung, die an den Solarzellen durch die Sonneneinstrahlung erzeugt wird, in die in unserem öffentlichen Stromversorgungsnetz übliche Wechselspannung von 220 V$\sim$ mit der Netzfrequenz von 50 Hz umwandelt. Die Einspeisung in das Netz ist unproblematisch, solange der solar-erzeugte Strom nur einen vernachläsigbar kleinen Anteil des gesamten Stromes ausmacht. Anders wird dies, sobald dieser Anteil wesentlich wird. In Abbildung 8 ist das Ergebnis von Abschätzungen gezeigt, die mit dem Ziel durchgeführt wurden, die Aufnahmefähigkeit des Netzes für Strom aus Wind-und Sonnenanlagen zu untersuchen [4]. Die Stromerzeugung mit Wind- und Photovoltaik-

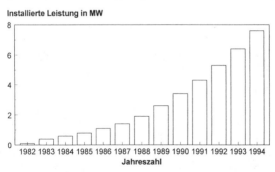

Abb. 7: Entwicklung der in Photovoltaikanlagen installierten Leistung in Deutschland von 1982 - 1994.

kraftwerken ist durch ausgeprägte Fluktuationen im Minuten- und Stundenbereich sowie im Tages- und Jahresverlauf gekennzeichnet. Hinzu kommen lokale Schwankungen. Dies wird zu einem Problem, wenn regenerative Stromerzeugungsanlagen großtechnisch genutzt werden sollen. Auch wenn sich die Jahresverläufe von Wind- und Sonnenangebot in gewissem Grade ergänzen und die lokalen Schwankungen durch genügend großflächige Verteilung der Kraftwerksanlagen zu einem Teil ausgeglichen werden können, bleiben dennoch Schwankungen in erheblichem Umfange, für die das Netz nur bis zu einem gewissen Maße als Puffer geeignet ist. Selbst bei idealer Regelung der brennstoffbefeuerten Kraftwerke kann zu Spitzenzeiten die Situation auftreten, daß mehr Strom produziert wird als momentan nachgefragt wird. Diese Überschußproduktion ist in Abb. 8 über dem Anteil aufgetragen, den die jährliche Stromerzeugung aus regenerativen Quellen, bezogen auf die Gesamtnachfrage, ausmacht. Weiterhin werden

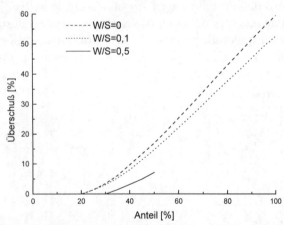

Abb. 8: Abschätzung der von einem reinen Solarzellen-System (W/S = 0) und von gemischten Wind/Solar-Systemen erzeugten Überschußleistung im öffentlichen Netz, wenn die auf der Abszisse aufgetragenen prozentualen Anteile an der Gesamtkraftwerksleistung erreicht würden.

Kurven für verschiedene Verhältnisse von Wind- zu Solaranlagen angegeben (0, 10 und 50%). Da sich, wie erwähnt, Wind- und Sonnenangebot in gewissen Grenzen ergänzen, ergibt die Abschätzung für den Fall 50% Windkraftanlagen und 50% Photovoltaikanlagen eine geringere Überschußproduktion als bei größeren Anteilen der Photovoltaik.

Auch wenn man bei Berücksichtigung von Wasserkraftwerken und Anlagen, die die Biomasse nutzen, u.U. zu einem noch günstiger an die Nachfrage angepaßtem Mix kommt, ist mit Sicherheit eine zukünftige CO_2-arme Energieversorgung ohne leistungsfähige Speichersysteme nicht denkbar. Da im Falle der Photovoltaik primär Gleichstrom erzeugt wird, bietet sich die Speicherung in Form von elektrolytisch erzeugtem Wasserstoff an. Wasserstoffspeicherungs- und Transportsysteme könnten eine ähnliche Struktur haben wie die derzeitigen Gasversorgungssysteme. Autos, deren Motoren mit Wasserstoff angetrieben werden, sind genauso technisch entwickelt wie Kochherde oder Heizungssysteme. Die Rückverstromung von gespeichertem Wasserstoff kann sehr effektiv mit Brennstoffzellen erfolgen. Ein Einstieg in die Wasserstofftechnologie wird im großen Maße allerdings erst dann erfolgen, wenn der Anteil der regenerativen Stromerzeugungsanlagen in eine Größenordnung kommt, bei der das öffentliche Stromnetz als Puffer überfordert wird.

Professor Dr. Volkmar Helbig
Institut für Experimentelle und Angewandte Physik
Universität Kiel
Olshausenstraße 40
24098 Kiel

Literaturnachweise:
[1] M.A. Green, „Silicon Solar Cells: Advanced Principles and Practice", Centre for Photovoltaic Devices and Systems, UNSW, Sydney (1995)
[2] http://www.pv.unsw.edu.au/eff/eff_tabd1.html
[3] M. Kaltschmitt und A. Wiese (Hrsg.), „Erneuerbare Energien", Springer (1995)
[4] J. Nitsch und J. Luther, „Energieversorgung der Zukunft", Springer (1990)

Photovoltaikelemente
für die Gebäudegestaltung

In der optischen Gebäudegestaltung sind Bauherren, Planern und Architekten in Bezug auf Form und Farbe heute kaum Grenzen gesetzt. Überall dort, wo sonst Materialien wie Aluminium, Glas, Marmor oder Granit die äußere Hülle bilden, können an den in südliche Richtung zeigenden Flächen ebenso Solarmodule zum Einsatz kommen.

Man ist nicht mehr an die schwarze monokristalline oder die blaue polykristalline Solarzelle gebunden. Es gibt längst eine große Standardpalette von Solarzellen in unterschiedlichen Farben. Bei größeren Objekten besteht theoretisch die Möglichkeit einer eigenen Farbwahl. Ob dieses aus Gründen des Energieertrages oder der Kosten sinnvoll ist, muß im jeweiligen Einzelfall betrachtet werden. Über die Farbwahl der Solarzellen hinaus können natürlich auch farbige oder verspiegelte Rückseitengläser bei den Solarmodulen eingesetzt werden; eine Möglichkeit, die Qualität der Architektur zu steigern.

Ebenso ist man nicht auf die Verwendung von gerahmten Standardmodulen begrenzt. Solarmodule können in nahezu allen erforderlichen Größen und Formen gefertigt werden, maßgenau nach Angaben von Architekten und Planern. Egal ob es sich um eine Kaltfassade, in der Module als Laminate eingesetzt werden, oder um eine Warmfassade für Isolierglasmodule handelt.

Ist der Einsatz von Photovoltaik wirklich so teuer ? Immer wieder wird erklärt, daß photovoltaisch erzeugter Strom zu teuer ist. Es werden Kosten von bis zu zwei DM/kWh genannt. Sicherlich, die Kilowattstunde kann von den Gestehungskosten nicht mit dem Strom aus der Steckdose konkurrieren. Dieser Strom wird in Kraftwerken von 1000 Megawatt erzeugt, die größten Solaranlagen haben gerade mal eine Spitzenleistung von einigen hundert Kilowatt, im Fassadeneinsatz derzeit höchstens von einigen zehn Kilowatt.

Bei der gebäudeintegrierten Solartechnik stellt sich die Kostensituation günstiger dar. Der Aufwand, die Fassade zu verkleiden oder abzudichten, besteht auch ohne Solartechnik. Der Mehraufwand betrifft also allenfalls noch eine Kostendifferenz, die es gilt abzudecken; dieses aber auch nur dann, wenn die billigsten Varianten bei den Materialien gewählt werden. Die Verwendung von z.B. Marmor oder Granit ist bereits teurer als der Einsatz von Solarelementen.

Aus den genannten Gründen zählt die gebäudeintegrierte Solartechnik in unseren Breiten heute zu den attraktivsten Anwendungen der Photovoltaik. Darüberhinaus unterstreicht eine PV-Anlage am Gebäude das zukunftsorientierte und umweltbewußte Image des Bauherrn, des Architekten bzw. Gebäudenutzers und kann bei Unternehmen werbewirksam zur Bekanntmachung und Verbreitung des Firmennamens eingesetzt werden.

Chancen für den Einsatz von Photovoltaik im/am Gebäude:
- Aufdachinstallation bei Schrägdächern
- Dachintegration bei Schrägdächern
- Aufdachinstallation bei Flachdächern
- Dachintegration bei Lichtdächern – semitransparent (Lichtdurchfall variabel)
- Fassadenintegration (entweder als hinterlüftete Kaltfassade oder als Isolierglasfassade)
- Abschattungsmarkisen
- Brüstungen von Balkonen und Laubengängen

Integration von Photovoltaikelementen: Die Energieerträge einer Photovoltaikanlage sind abhängig von der Ausrichtung des Solargenerators. In unseren Breiten bietet eine optimale Neigung von 30 bis 40° in Südrichtung die maximalen Ergebnisse. Das folgende Diagramm zeigt, daß durchaus auch nach

Osten und Westen ausgerichtete Flächen den Einsatz von Solargeneratoren rechtfertigen. Man muß immer berücksichtigen, daß die Alternative eine Fassade ist, mit der keine Energie erzeugt wird.

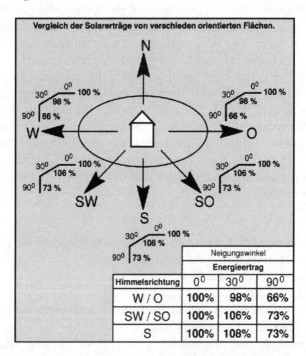

Wichtig ist die direkte abschattungsfreie Einstrahlung auf den Solargenerator. Eine Beschattung der Flächen wirkt sich nachteilig auf die Energieerträge aus. Durch die verminderte Einstrahlung produzieren auch die Solarmodule weniger Leistung. Nicht jeder Gebäudeteil ist den ganzen Tag über beschattungsfrei, da die Sonne sich in Neigung und Richtung ändert. Die folgende Abbildung zeigt den Schattenwurf eines Baumes auf ein Gebäude im Verlauf des Tages.

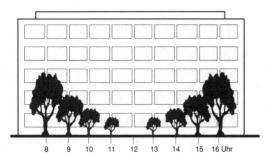

8 9 10 11 12 13 14 15 16 Uhr

Schattenwurf eines Baumes auf ein Gebäude im Verlauf des Tages.

Abschattungsmarkisen: Solarmodule als Abschattungsmarkise bieten die Möglichkeit, die Raumklimatisierung optimal zu gestalten. Bei richtiger Montage ist während der Sommermonate eine hohe Abschattung gegeben. Durch die Abstände der Solarzellen läßt sich die Semitransparenz der Module gestalten. Die einfallende Helligkeit reicht damit aus, auf weitere Lichtquellen zu verzichten. Im Winter bei niedrigem Sonnenstand kann das Licht ungehindert einfallen, auch damit ist tagsüber genügend Helligkeit vorhanden. Die folgende Darstellung zeigt die Verhältnisse in verschiedenen Jahreszeiten.

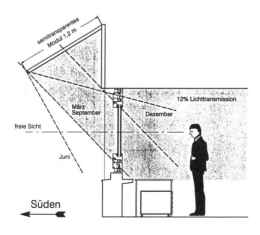

25

Die PV-Kaltfassade: Hierbei handelt es sich um eine vorgehängte Fassade, in der alle Teile der Konstruktion ohne thermische Trennung aufgebaut sind, da keine Verbindung zum Warmbereich besteht. Bei diesem Fassadentyp werden die wärmegedämmten Baukörperflächen mit einem Wetterschutz z.B. aus Solarmodullaminaten verkleidet. Diese können zur farblichen Gestaltung der Fassade auch mit verspiegelten oder keramisch beschichteten Rückseitengläsern hergestellt werden. Die Anbringung der Module erfolgt mit handelsüblichen Pfosten-/ Riegelkonstruktionen. Hierbei ist darauf zu achten, daß durch die vorstehenden Abdeckprofile keine Abschattung der angrenzenden Solarzellen stattfindet. Diese würde die Energieausbeute reduzieren.

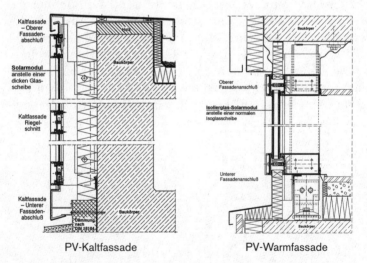

PV-Kaltfassade   PV-Warmfassade

Die PV-Warmfassade: Hierbei handelt es sich um eine Fassade, die neben der tragenden Funktion auch den Wetter- und Schallschutz übernimmt. In Bereichen, wo einfallendes Licht gewünscht ist, kann die Lichttransmission durch Veränderung der Solarzellenabstände in den Modulen variiert werden. Die

Solarmodule sind als Isolierglas ausgeführt, die Verlegung der Anschlußkabel erfolgt verdeckt in den Tragprofilen. Die bauseitige Unterkonstruktion dient zur Aufnahme und Befestigung der Module.

Die PV-Kalt-Warmfassade: Der Wechsel Kalt- und Warmbereich im Verlauf der Fassade gibt dieser Konstruktion den Namen. Die Warmbereiche werden durch Solarmodule in Isolierglastechnik erzeugt, deren Aufnahmeprofile thermisch getrennt sind (siehe PV-Warmfassade). Die Kaltbereiche (z.B. Brüstungen) sind wärmegedämmte Baukörperflächen mit einem Wetterschutz aus Solarmodullaminaten (siehe PV-Kaltfassade). Die Trennung zwischen Warm- und Kaltfassade erfolgt durch wärmegedämmte Übergänge.

PV-Lichtdach: Für Bereiche in der Gebäudehülle, in denen das Tageslicht erwünscht ist, werden Lichtdachkonstruktionen eingesetzt. In der Regel handelt es sich hierbei um Warmkonstruktionen. Die Solarmodule sind als Isolierglas ausgeführt, die Verlegung der Anschlußkabel erfolgt verdeckt in den Tragprofilen. Die erforderliche Lichttransmission kann durch Veränderung der Solarzellenabstände in den Modulen erreicht werden. Die Abdeckprofile sind so zu wählen, daß bei schrägen Flächen an deren Kanten keine Schmutzablagerungen zurückbleiben. Sollten diese Ablagerungen Solarzellen abdecken, ist mit Verlusten bei den Energieerträgen zu rechnen.

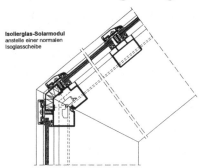

Isolierglas-Solarmodul
anstelle einer normalen
Isoglasscheibe

Elektrische Systemtechnik: Die Verschaltung der Solarmodule bzw. des gesamten Solargenerators auf die erforderliche Wechselrichterspannung erfolgt mit sogenannten Stringdosen, Gruppen- und Abzweigkästen. Der Wechselrichter wird parallel zum bestehenden Hausnetz betrieben. Die erzeugte Leistung wird somit ohne Leitungsverluste direkt im Gebäude verbraucht. Sollte der Stromverbrauch geringer als die erzeugte Leistung sein, wird die überschüssige Energie ins örtliche EVU-Netz eingespeist und vergütet. Da jede Fassade in der Anzahl und Größe der Solarmodule unterschiedlich ist, variiert auch das jeweilige Verschaltungskonzept. Im Sinne einer kostengünstigen Ausführung wird Wert auf die Verwendung von Standardkomponenten gelegt.

Die Firma solarnova ist nicht nur Hersteller von Fassadenmodulen, sondern bietet auch Unterstützung bei der Planung und Erstellung von Solarfassaden an.

Dipl.-Ing. Alfred Reinicke,
solarnova Produktions-
und Vertriebsgesellschaft mbH
Industriestraße 23-33
22880 Wedel

Küsten- und Binnenschiffe
mit Solarantrieb

Im Rahmen der Diskussion um einen schadstoffarmen Schiffsantrieb soll hier ein anderes Konzept als das des reinen Wasserstoffantriebes vorgestellt werden. Es handelt sich um ein photovoltaisch angetriebenes Binnenschiff, welches die zum Vortrieb benötigte Energie direkt an Bord ›herstellt‹. Die Wirkungsweise eines solchen Konzeptes, sowie unterschiedliche Energiespeicherungsmöglichkeiten sollen diskutiert werden.

Die hier angestellten Überlegungen basieren auf einem Projekt der DFG (Deutsche Forschungsgemeinschaft), das am Institut für Schiffbau der Universität Hamburg (demnächst TU Hamburg-Harburg} durchgeführt wird. In diesem Projekt sollen die theoretischen Grundlagen für die Einsatzmöglichkeiten von verschiedenen Solarschiffen erarbeitet werden, wie z.B. der Einfluß zufallsbedingter Größen wie Sonneneinstrahlung, Wind und Wellen.

1. Anlagenschema: Nachfolgend soll das Anlagenschema eines Solarschiffes erläutert werden.

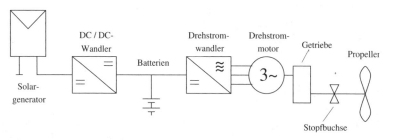

Abb.1: Anlagenschema mit DC/DC-Wandler und Drehstrommotor

1.1. Solargenerator: Die Größe des Solargenerators hängt nicht nur von der benötigten Leistung ab, sondern auch von der Fläche, die an Bord zur Verfügung gestellt werden kann, ein für ein Schiff schon eher ausschlaggebendes Kriterium. Die Ausgangsspannung des Solargenerators sollte sich nicht zu sehr von der Systemspannung unterscheiden, um zu große Umwandlungsverluste zu vermeiden. Die Systemspannung sollte möglichst hoch gewählt werden, damit die Leitungsverluste gering bleiben.

1.2. DC/DC-Wandler: Dieser dient dazu, die nicht ganz konstante Spannung des Gleichstroms am Ausgang des Solargenerators in die für die Batterien nötige Spannung (aber immer noch Gleichstrom) zu transformieren. Hier ist auch der MPP-Tracker enthalten, der die Spannung des *Solargenerators* so regelt, daß dessen Arbeitspunkt immer im MPP (= Maximum Power Point) liegt, also das Leistungsmaximum in Abhängigkeit von Sonneneinstrahlung und Zelltemperatur abgegriffen werden kann. Außerdem befindet sich hier der Überladeschutz der Batterien.

1.3. Drehstromwandler: Der für diesen Typ von E-Motor (s. u.) benötigte Drehstrom wird hier erzeugt. Hier ist auch der Tiefentladeschutz der Batterien enthalten.

1.4. Drehstrommotor: Anstatt eines Drehstrommotors wird bei kleineren Anlagen sicherlich ein Gleichstrommotor bevorzugt werden; im später gezeigten Anwendungsbeispiel wurde aber aus folgenden Gründen ein Drehstrommotor gewählt: Die Elektronik ist zwar komplizierter, aber die Mechanik robuster als die von Gleichstrommotoren. Drehstrommotoren sind außerdem etwa 20 % leichter und wartungsarm.

1.5. Getriebe: Es hat sich herausgestellt, daß trotz des Wirkungsgradverlustes ein Untersetzungsgetriebe sinnvoll ist, da damit die Motordrehzahl besser an die für den Propeller optimale Drehzahl angepaßt werden kann. Es wird hier ein Zahnriemengetriebe gewählt, welches einen Wirkungsgrad von 98 % hat.

1.6. Batterien: Bisher wird die Energie für den Antrieb von Elektrobooten in Batterien gespeichert. Auch bei einem photovoltaischen System wird man zunächst nicht ohne Batterien auskommen, da eine Speicherung und Regelung des nicht konstanten Energieangebotes vorgenommen werden muß. Anders als beim Verbrennungsmotor, bei dem die Energie zum Zeitpunkt und in Menge des Bedarfs freigesetzt wird, muß man beim photovoltaischen System die Energie ›nehmen‹, wenn sie von der Sonne angeboten wird und dann in geeigneter Form aufbewahren. Hier bleibt zunächst nur die Batterie als ein chemischer Speicher von Energie.

Leider hat die Batterie auch den größten Wirkungsgradverlust der Aggregate in diesem Anlagenschema (von der Umwandlung Sonnenlicht – elektrische Energie im Solargenerator einmal abgesehen). Es sollte daher möglichst viel Energie aus dem Solargenerator direkt (über die beiden Umwandler) in den Antriebsmotor fließen.

Von den zur Verfügung stehenden Batterietypen eignen sich Blei-Gel-Batterien aus folgenden Gründen: Einerseits erreichen sie eine hohe Zyklenzahl, was bei laufender Ladung/ Entladung bei einem Solarsystem notwendig ist. Andererseits laufen Gel-Batterien nicht aus und können auch bei starker Krängung eingesetzt werden. Des weiteren verfügen sie über ein besseres Schockverhalten, es besteht kaum Gasentwicklung und sie sind nahezu wartungsfrei. Der Wirkungsgrad liegt bei ca. 80 % (was natürlich auch von der Entladegeschwindigkeit abhängig ist) und die Selbstentladung liegt bei ca. 2 % im Monat.

Ausschlaggebend für die Auslegung der Batterien ist die erforderliche Kapazität für eine vorgegebene Reichweite oder Sicherheit. Im gesamten System einer Solaranlage sind die Batterien der problematischste Teil, da sie am anfälligsten sind, wartungsbedürftig und teuer. Im später aufgezeigten Beispiel betragen ihre Kosten im Vergleich ca. 40 % des Solargenerators, haben aber nur eine Lebensdauer von vier bis fünf Jahren, im Gegensatz von bis zu 30 Jahren der Solarmodule.

1.7. Display: Für den sicheren Betrieb eines Solarschiffes ist eine Anzeige nicht nur der Geschwindigkeit und Drehzahl des Motors wichtig, sondern auch der aktuelle Ladezustand der Batterien, da bei ungenügendem Leistungsangebot der Sonne die Reichweite vom Ladezustand der Batterien (und der Geschwindigkeit) abhängt. Eine Anzeige der aktuellen Leistungsbilanz (Solargenerator – Verbrauch des Motors), sowie die Angabe über die noch mögliche Fahrtdauer und -entfernung bei momentaner Geschwindigkeit und Ladezustand der Batterien sind hilfreich für die Schiffsführung.

1.8. Anlagenschema mit Laderegler: Eine andere Möglichkeit, den ›Solarhaushalt‹ zu bewerkstelligen, ist die über einen Laderegler. Laderegler sind für Solaranlagen in unterschiedlichen Leistungsklassen mit mehr oder weniger komfortablen Anzeigen und mit oder ohne MPP-Tracker erhältlich. Diese sind vorzugsweise in einem System mit Gleichstrommotor zu verwenden und übernehmen die Aufgaben der Spannungsregulierung und den Schutz der Batterien.

2. Beispielsschiff: Um eine Vorstellung von den Größenordnungen, Wirkungsgraden und Möglichkeiten zu bekommen, sei als Beispiel ein Solarschiff dargestellt, welches vom Autor 1994 als Diplomarbeit entworfen wurde. Es wurde damals für den Einsatz in tropischen Gebieten konzipiert, und es wurde daher auf spezifische Anforderungen Rücksicht genommen, wie, z.B., den Rumpf aus Stahl zu bauen. Für die Gewichtsoptimierung wäre eine GFK-Bauweise vorzuziehen. Es handelt sich um ein Binnenpassagierschiff für ca. 120 Personen. Der Einsatz reicht vom Fährschiff über Flüsse und Seen oder entlang Wasserstraßen (Wasserbus) bis hin zum Ausflugs- bzw. Touristenboot. Die Größe dieses Einrumpfschiffes ist mit der von Barkassen oder Alsterschiffen in Hamburg zu vergleichen.

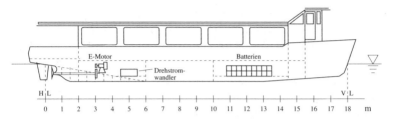

Hauptabmessungen:

L_{pp} = 18,0 m, B = 4,5 m, = 32,5 t, $L_{üa}$ = 19,4 m, T = 1 m, v_{Dienst} = 10 km/h

Der hier gewählte Solargenerator hat bei einer Fläche von 69,3 m² und 160 Modulen eine Leistung von 8,8 kW$_p$*. Der Modulwirkungsgrad liegt bei etwa 13 %. Die Kenngrößen der Aggregate sind nachfolgend tabellarisch zusammengefaßt:

Aggregat	Wirkungsgrad [-]	Gewicht [kg]	Abmessungen [m]
DC/DC-Wandler	0.95	ca. 20	1.3 * 1.3 * 0.23
Drehstromwandler	0.94	65	0.9 * 0.3 * 0.3
E-Motor	0.88	99	0.64 * 0.39 * 0.36
Getriebe	0.98	-	-

Es können auch bessere Wirkungsgrade erreicht werden. Generell gilt: Je höher die Nennleistung des Aggregats, desto besser der Wirkungsgrad.

Die Schleppleistung P_E beträgt 3,3 kW für eine Geschwindigkeit von 10 km/h, welches auch durch Schleppversuche bestätigt wurde. Mit dem bei der breiten Schiffsform zu erreichenden Propulsionsgütegrad ergibt sich eine abgegebene Leistung von P_D = 4,8 kW. Die benötigte Leistung am Eingang Motor beträgt 5,91 kW. Es wurde ein Motor mit P_{Nenn} = 11 kW gewählt, welches gut mit Vergleichsschiffen (die Elektroboote

*) kW$_p$ = kW peak, Leistung bei Normbedingungen: Modultemperatur = 25° C, Sonneneinstrahlung = 1000 W/m²

33

der bayerischen Seenschiffahrt) mit Motoren von 8 kW übereinstimmt, die ähnliche Abmessungen aufweisen.

Die Auslegung der Batterien richtet sich sehr nach dem Einsatzzweck; hier wurden sie so ausgelegt, daß acht Stunden mit Dienstgeschwindigkeit komplett ohne Sonneneinstrahlung gefahren werden kann. Es ergibt sich dann ein Batteriegewicht von 2,52 t. Die Systemspannung liegt bei 220 V.

In Abbildung 3 werden die benötigten Leistungen (ausgehend von P_D = 4,84 kW bei v = 10 km/h bis zum Eingang des DC/DC-Wandlers) der vorhandenen Solargeneratorleistung bei Normbedingungen gegenübergestellt.

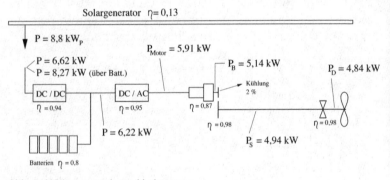

Abb. 3: Wirkungsgrade und Leistungen

Der Gesamtwirkungsgrad des Systems (Schleppleistung/Eingang DC/DC-Wandler) berechnet sich demnach so:
eta = 3,3 kW/6,62 kW = 0,50 (ohne Batterien)
eta = 3,3 kW/8,27 kW = 0,40 (mit Batterien)

Bei Absenkung der Sonneneinstrahlung bis auf 75 % der Normeinstrahlung ist die Leistung des Solargenerators für den Vortrieb noch ausreichend und es besteht somit unendliche Reichweite bei dieser Geschwindigkeit.

Rechnet man nun auch noch den Wirkungsgrad der Solarmodule mit ein, so bleiben von der eingestrahlten Sonnenenergie am Ende nur 5-6 % für den Vortrieb übrig. Welche Reichweiten und Fahrdauern man aber dennoch in Abhängigkeit von Geschwindigkeit und Sonneneinstrahlung erreichen kann, ist aus Abbildung 4 zu erkennen. Hierbei sind auch Verluste (Temperatur-, Reflexionsverluste) mit einkalkuliert.

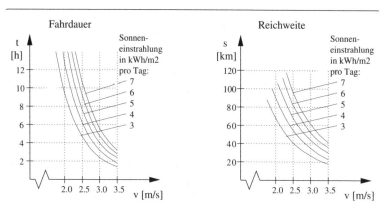

Täglich mögliche Fahrdauer und Reichweite
mit im Tagesmittel ausgeglichener Energiebilanz (Batterien nur als Puffer)
am Beispiel der Solarpassagierfähre SARA

Abb. 4: Fahrdauer und Reichweite

Weiterhin wurde berücksichtigt, daß ein Teil der Energie in den Batterien zwischengespeichert werden muß und sich dadurch ein Verlust durch den Wirkungsgrad der Batterien ergibt. Dies bezeichne ich als Batterieminderungsfaktor. Dieser liegt zwischen 1 (die gesamte benötigte Energie kommt direkt vom Solargenerator) und 0,8 (die gesamte Energie wird den Batterie entnommen). Die durchschnittlichen Einstrahlungen betragen in den Tropen 6 - 7 kWh/m² pro Tag (in der Trockenzeit) und in Europa im Sommerhalbjahr auch schon zwischen

4 - 5 kWh/m^2 pro Tag. Betrachtet man die in einem Jahr gefahrenen Stunden und Geschwindigkeiten z.B. der Schiffe der bayerischen Seenschiffahrt, so ist die durch Solarenergie ermöglichte Fahrzeit bei weitem ausreichend.

3. Energiespeichermöglichkeiten: Im folgenden sollen Alternativen zur Energiespeicherung in Batterien angesprochen werden.

3.1. Wasserstoff: Als großer Hoffnungsträger gilt die Wasserstofftechnik. Hohe Energiedichte (gewichtsbezogen) und quasi schadstoffreie Umsetzung in elektrische Energie lassen Wasserstoff ideal erscheinen. Bisher sind verfügbare Brennstoffzellen aber noch so teuer, daß sie kaum mit Batterien konkurrieren können. Unter den verschiedenen Arten von Brennstoffzellen kommen für den Einsatz an Bord Brennstoffzellen der PEM-Technologie (PEM = Proton Exchange Membrane) in Frage, da deren Betriebstemperatur zwischen 20 und 100 Grad C liegt und der Entwicklungsstand am weitesten fortgeschritten ist. Diese werden auch schon für mobile Einsatzzwecke verwendet, wie z. B. in Versuchsfahrzeugen von Daimler-Benz. Leider ist die Herstellung des für diesen Typ von Brennstoffzelle benötigten Werkstoffes sehr teuer.

Möchte man nun aber Wasserstoff als Speicher für an Bord erzeugte Solarenergie nutzen, benötigt man auch einen Elektroliseur, um durch die vom Solargenerator erzeugte elektrische Energie Wasser in Wasserstoff und Sauerstoff zu trennen. Elektrolyseure dieser Größenordnung sind aber nicht erhältlich oder wären extrem teuere Sonderanfertigungen. Der Gesamtwirkungsgrad einer Wasserstoffanlage (Elektrolyse → Wasserstoff - umgekehrte Elektrolyse (Brennstoffzelle) → elektrische Energie) liegt bei 30 bis 40 % und damit weit unter dem von Batterien. Es würde sich daher nur eine Langzeitspeicherung lohnen, wobei dann die Lagerung des Wasserstoffes eine Rolle spielt.

Wasserstoff kann unter hohem Druck, in Metallhydrid gelöst, oder flüssig (Kryo-Technik) gespeichert werden. Druckflaschen ergeben ein zu hohes Gewicht und bei der Kryo-Technik wird das System aufgrund der schwierigen Handhabung des flüssigen, ca. -250 Grad kalten Wasserstoffes extrem kompliziert, auch ist die Herstellung an Bord quasi unmöglich. Für die Lagerung in Metallhydrid ist ein Druck von ca. 30 bar ausreichend, der von Druckelektrolyseuren ohne nachgeschalteten Kompressor erzeugt werden kann. Der auf diese Weise erzeugte Wasserstoff verfügt über hohe Reinheit und kann ohne Gasaufbereitung der Brennstoffzelle zugeführt werden. Dennoch ist auch hier die anlagenbezogene Energiedichte des Wasserstoffes aufgrund der notwendigen gewichtsintensiven Lagerung nicht mehr so günstig.

Wasserstoff für die Langzeitspeicherung sollte daher eher an Land gelagert werden, wenn nicht zu große Mengen unnötig an Bord transportiert werden sollen. Dies wiederum bedeutet, daß es sinnvoller wäre, den Wasserstoff auch an Land zu erzeugen, und damit wäre man vom Prinzip des Solarschiffes abgekommen.

Zu überlegen wäre nun, inwieweit eine Kombination der Speichermöglichkeiten Vorteile bieten könnte. Eine Batterie wird auch bei einer Wasserstoffanlage als Puffer notwendig sein, um kurzzeitige Schwankungen aufzufangen. Da der Elektrolyseur enorme Kosten mit sich führt, wird es sinnvoll sein, auf eine Erzeugung des Wasserstoffes an Bord zu verzichten und die Brennstoffzelle als Hilfsaggregat neben der Solaranlage mitzuführen und den Wasserstoff wie bei einem Verbrennungsmotor von Land zu tanken. Dieser Wasserstoff kann ja dann durchaus solar erzeugt werden. Ein besserer Wirkungsgrad ergibt sich natürlich, wenn möglichst wenig der verbrauchten Energie den Umweg über Wasserstoff nimmt.

3.2. Schwungrad: Das Schwungrad beinhaltet die Möglichkeit, Energie mechanisch zu speichern. Die kinetische Energie eines rotierenden, zylindrischen Körpers wird bestimmt durch die Gleichung: $W_K = \;\;\; * m * r^2 * n^2$. Die Masse geht nur linear, die Drehzahl und der Radius aber quadratisch in die Gleichung ein. Ein nach Gewicht optimiertes Schwungrad ergibt ein flaches, weites Rad mit viel Masse am äußeren Rand und möglichst hoher Drehzahl. Die die Drehzahl begrenzende Größe ist die Festigkeit des verwendeten Materials, da das Rad bei hoher Drehzahl durch die Fliehkraft beansprucht wird. Es werden daher glasfaserverstärkte Verbundwerkstoffe verwendet.

Das Schwungrad ist mit einem Elektromotor versehen, der elektrische Energie in mechanische Energie (Rotation) wandelt. Wird Energie benötigt, fungiert er als Generator; durch die abgeführte mechanische Energie wird das Rad langsamer. Die Verluste eines Schwungrades entstehen aber weniger bei der Umwandlung von elektrischer in kinetische Energie und umgekehrt (Gesamtwirkungsgrad von ca. 94 %) als durch Reibung. Die Lager bestehen aus Permanentmagneten und das Rad dreht sich in einem Vakuumbehälter. Zur Aufrechterhaltung der Drehzahl und für die Vakuumpumpe werden ca. 2,5 % der gespeicherten Energie pro Stunde benötigt. Das Schwungrad kommt nur als Kurzzeitspeicher in Betracht.

3.3. Gegenüberstellung der Speichermöglichkeiten: Geht man zunächst rein vom Wirkungsgrad aus, muß zwischen dem *Umwandlungswirkungsgrad* (also einmalig) und dem zeitlichen Wirkungsgrad (also laufend) unterschieden werden. Es ergibt sich in grober Abschätzung folgende Tabelle, auf der die Abbildung 5 (nächste Seite oben) basiert.

	einmaliger Wirkungsgrad	laufende Verluste
Wasserstoff	0.4	kein Verlust
Batterie	0.8	2 % pro Monat
Schwungrad	0.94	2,5 % pro Stunde

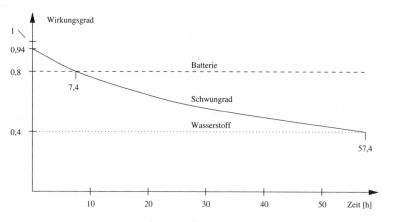

Abb. 5: Wirkungsgrade von Energiespeichern

Nach diesem Schaubild käme Wasserstoff gar nicht in Frage, aber es gibt andere Kriterien, nach denen die verschiedenen Möglichkeiten beurteilt werden, wie Lebensdauer, Gewicht, Volumen, Wartungsaufwand und vor allem der Preis (dieser wiederum muß im Zusammenhang mit der Lebensdauer gesehen werden).

Hydridspeicher für einen Druck von 30 bar sollen für ca. 150,- DM pro kWh erhältlich sein. Die Angaben für Brennstoffzellen sind sehr vage und belaufen sich heute bei PEM-BZ auf ca 20.000,- bis 30.000,- DM pro kW. Man erwartet eine Entwicklung auf bis ca. 4.000,- DM pro kW in den nächsten zwei Jahren, allerdings auf einer Basis von 50 bis 100 Stück Abnahme. Der Preis einer Wasserstoffanlage wird also hauptsächlich nicht durch die zu speichernde Energie, sondern durch die benötigte Leistung festgelegt. Schwierig ist daher ein Vergleich der Kosten, wenn nur die Speicherkapazität betrachtet werden soll. Es wird dies daher überschlagsmäßig an oben vorgestelltem Beispielsschiff kalkuliert, wobei die Leistung der Brennstoffzelle mit 11 kW veranschlagt wird, um den Elektromotor bei Bedarf bis zu seiner Nennlast ausnutzen zu können. Es wird mit einer benötigten Energie von 80 kWh gerechnet. Die Kosten der Brennstoffzelle (25.000,- DM/kW) werden auf diese 80 kWh bezogen. Die zukünftigen Preise beziehen sich auf o.g. Angaben.

	derzeitiger Preis in $\frac{DM}{kWh}$	zu erwartender Preis in $\frac{DM}{kWh}$	Lebensdauer in Jahren	zukünftiger Preis auf 20 Jahre bezogen in $\frac{DM}{kWh}$
Batterie	450	450	4 - 5	1550
Wasserstoff	3600	700	20 (?)	700
Schwungrad	3500	2000 (?)	mind. 20	2000

Diese Tabelle ist natürlich noch mit enormen Unsicherheiten behaftet, besonders was die zukünftige Preisentwicklung angeht. Es ist jedoch die Tendenz erkennbar, daß bisher sowohl in Bezug auf Preis als auch auf Wirkungsgrad die Batterie noch konkurrenzlos ist. Aber besonders bei der Wasserstofftechnik ist noch ein großes Preisentwicklungspotential enthalten und falls o.g. Preise tatsächlich realisiert werden sollten, ist Wasserstoff durchaus einsetzbar. Er wird zwar die Batterie nicht im Sinne eines Speichers von an Bord erzeugter Energie ersetzen (hierfür müßte die Elektrolyse noch weiter entwickelt werden), aber im Sinne eines Hybridsystems könnte der Wasserstoff für eine hohe Verfügbarkeit eines Solarschiffes sorgen. Im Sommerhalbjahr könnte der Leistungsbedarf durch die Sonneneinstrahlung gedeckt werden, als Kurzzeitspeicher würden Batterien in geringem Ausmaß oder gar ein Schwungrad ausreichend sein und im Winterhalbjahr oder als Notstromaggregat könnte das Schiff mit Wasserstoff betrieben werden.

4. Schlußfolgerung: Solarschiffe können auf Binnengewässern oder wellenarmen Küstengewässern eingesetzt werden. In sonnenreichen südlichen Ländern, oder auch in Europa im

Sommerhalbjahr, könnte man Solarschiffe für reguläre Transportaufgaben einsetzen. In vielen Binnengewässern Deutschlands machen Geschwindigkeitsbegrenzungen oder Restriktionen gegenüber Verbrennungsmotoren schon jetzt solarbetriebene Boote sinnvoll. Das Anwendungsprofil im touristischen oder privaten Bereich geht mit der Sonneneinstrahlung konform. Benötigte Fahrdauern können durch photovoltaische Systeme gedeckt werden. Für einen Betrieb im Winterhalbjahr sind zusätzliche Energiespeicher nötig. Zur Zeit wären landseitig aufladbare Batterien oder demnächst Wasserstoff denkbar. Der Mehrpreis für ein photovoltaisch betriebenes Schiff fällt bei den Gesamtkosten eines Schiffes nicht so sehr ins Gewicht und dürfte sich zwischen 10 und 20 % (je nach Ausstattung) abspielen. Neben den wegfallenden Betriebsstoffen erkauft man sich dadurch nicht nur einen ökologischen und wartungsarmen Antrieb, sondern erhält auch ein neues Fahrgefühl durch Geräuscharmut und Abgasfreiheit.

Dipl.-Ing. Frank Josten
Institut für Schiffbau
Universität Hamburg
Lämmersieth 90
22305 Hamburg

Windkraft als Partner
der solaren Wasserstofftechnologie

Das Thema heißt ›Solarer Wasserstoff‹. Auch der Wind ist eine indirekte Sonnenenergie. Er entsteht durch das Bestreben der Luft, Temperatur- und Druckunterschiede auszugleichen. Alle Energie, die die Winde auslöst, wird von der Sonne geliefert. Kugelform, Achsneigung und Drehung der Erde führen zu Auswirkungen auf die Luftmassen, welche die großen globalen Windsysteme entstehen lassen, die in ihrem prinzipiellen Aufbau relativ gleichbleibend und bekannt sind.

Schwankungen dieser Systeme und lokale Gegebenheiten lassen dann jedoch das Wetter und damit den Wind unberechenbar werden. Man kann sagen, daß an einem bestimmten Ort grundsätzlich viel Wind ist, aber nie ist wirklich genaue Vorhersage möglich, wann er wie stark weht.

Das geht bis hin zu Hurrikanen, von denen man zwar weiß, warum, wann, wo und unter welchen Bedingungen sie entstehen können, aber nicht weiß, was sie letztlich wirklich auslöst und wie sie wandern werden. ›Motor‹ all dessen ist die Sonne, mit Windenergie erzeugter H_2 ist also eindeutig ›solarer H_2‹.

Geschichte der Windenergie: Windenergie wird seit langem genutzt, die Besegelung von Schiffen ist aus sehr weiter Vergangenheit überliefert. Die Nutzung der Windkraft durch Maschinen scheint deutlich jünger zu sein. Erste zuverlässige Quellen berichten von Windmühlen im 7. Jahrhundert n.Chr.. Dies waren ›Widerstandsläufer‹ mit senkrechter Drehachse, die durch den Luftwiderstand des Rotors angetrieben wurden.

Erste Hinweise auf Windmühlen mit horizontaler Achse, also die ›klassische Windmühle‹, gibt es aus dem 12. Jahrhundert. Sie läuft durch aerodynamischen Auftrieb am Flügel. Die Verbreitung ging dann recht schnell, lokale Weiterentwicklungen und verschiedene Typen entstanden, eingesetzt hauptsächlich zum Mahlen von Getreide und auch zum Antrieb von

Wasserpumpen. Ein bekanntes Beispiel hierfür ist die vielflü-gelige amerikanische Windturbine, die erste ›industriell‹ in großen Zahlen produzierte Windkraftanlage (WKA).

Erste stromerzeugende WKA gab es bereits Ende des 19. Jahrhunderts in Dänemark. Professor Poul La Cour entwickelte 1891 eine WKA, die Gleichstrom abgab. Damit wurde – aufgemerkt! – speicherbarer Wasserstoff erzeugt und für die Beleuchtung eines Schulgeländes mit Gaslampen genutzt.

Anfang bis Mitte des 20. Jahrhunderts wurden in Europa und in den USA beachtliche, modern konzipierte und teilweise auch schon sehr große WKA gebaut bzw. entworfen. Die schnelle Verbreitung der ›billigen‹ Energieträger Kohle und Öl hat dann aber die Entwicklung der Windkraft recht schnell gestoppt, so daß viele WKA abgebaut oder nicht weiter betrieben wurden. Auch sehr durchdachte, technisch hervorragend entwickelte WKA hatten in dieser Zeit keine Chance.

Das Wiedererwachen der Windkraft in den 80er Jahren, sicher auch ausgelöst durch gestiegenes Umweltbewußtsein, hat zu der WKA-Technik von heute geführt.

Die Technik der Windkraft: Das Ziel aller WKA ist es, die im Wind enthaltene strömende Energie ›einzufangen‹ und in eine Drehenergie umzuformen, die dann zum Mahlen, Pumpen, Stromerzeugen verwendet wird. Grundsätzlich darf eine WKA nicht sämtliche im Wind vorhandene Energie entnehmen. Denn das würde ja bedeuten, daß hinter dem Rotor kein Wind mehr ist, da es keine Energie für weitere Luftbewegung mehr gibt. Dadurch würde ein Stau entstehen. Durch mathematische Herleitung kann ein ›idealer Leistungsbeiwert‹ ermittelt werden, der aussagt, welchen Anteil der im Wind enthaltenen Leistung man rein theoretisch maximal entnehmen könnte.

Auf den ersten Blick mag es naheliegend erscheinen, einen Rotor zu verwenden, der den Luftwiderstand einfach in den Wind gestellter Platten/ Schalen nutzt. Durch entsprechende

Abdeckung des gegen den Wind laufenden Bereichs oder durch Gestaltung mit stark unterschiedlichem Widerstand je nach Anströmrichtung entsteht dann eine Drehung. Nachteil dieser Widerstandsläufer ist jedoch, daß der erwähnte, gegen den Wind laufende Teil wirkungslos ist oder sogar bremst. Außerdem laufen die Platten/ Schalen vor dem sie antreibenden Wind weg, d.h. bei drehendem Rotor sinkt die Kraft auf ihn. Der ideale Leistungsbeiwert ist kleiner als 0,2, und das rein theoretisch, ohne Berücksichtigung des schädlichen Einflusses durch den gegenläufigen Teil des Rotors.

Alle modernen WKA sind daher heute Auftriebsläufer, die den aerodynamischen Auftrieb am Rotorblatt nutzen. An einer horizontalen Drehachse sind die Rotorblätter montiert. Sie werden während des ganzen Umlaufs aus gleicher Richtung angeströmt und geben bei Wind ständig Leistung ab. Ein Rotorblatt wirkt wie ein Tragflügel eines Flugzeugs, viele der verwendeten Rotorblatt-Querschnitte (Profile) sind Entwürfe für die Luftfahrt. Sie sind so gestaltet, daß sie bei Anströmung auf die Vorderkante eine senkrecht zur Anströmung gerichtete Kraft erzeugen, den Auftrieb, ohne dabei der zuströmenden Luft zu viel Widerstand entgegenzusetzen. Der Auftrieb ist bei modernen Profilen um ein Mehrfaches höher als der Widerstand. Das macht sowohl wirtschaftlich fliegende Flugzeuge als auch ertragreiche WKA erst möglich. Stark vereinfacht dargestellt, entsteht der Auftrieb, weil durch die Profilform die Luft gezwungen wird, auf einer Seite des Profils schneller zu fließen, wodurch ein Unterdruck (Sog) entsteht, der das Profil ›nach oben saugt‹.

Das Rotorblatt einer WKA ›sieht‹ bei seiner Umdrehung im Wind eine Anströmung, die sich zusammensetzt aus dem tatsächlichen Wind und einem scheinbaren Wind, entstanden aus der Bewegung des Rotorblattes durch die Drehung des Rotors, sozusagen dem Fahrtwind. Senkrecht zu der aus den beiden Teilen resultierenden Anströmung wirkt der Auftrieb, der in eine nicht nutzbare Kraft in Achsrichtung, den Schub, und eine nutzbare Kraft in Drehrichtung, die Tangentialkraft oder Vortriebskraft, zerlegt werden kann. Diese ist bei richtiger Einstellung des Rotorblattes größer als die gegen die Drehrichtung bremsend wirkende Komponente des Widerstandes. Das Blatt erzeugt also eine Kraft, die den Rotor dreht und damit Leistung erzeugen kann. Ein stillstehender Auftriebsläufer-Rotor mit nicht verstellbaren Blättern hat wenig Kraft, er wird erst richtig gut durch die erwähnte zusammengesetzte Strömung, wenn er dreht.

Der theoretische ideale Leistungsbeiwert eines Auftriebsläufers ist 0,593, also wesentlich höher als beim Widerstandsläufer. Verluste durch Randwirbel an den Blattspitzen und den durch die Umdrehungen des Rotors erzwungenen Drall der Luftströmung sowie Wirkungsgradverluste in der Maschine selbst und bei der elektrischen Umsetzung verringern den tatsächlichen Leistungsbeiwert der WKA noch etwas. Moderne WKA zur Stromerzeugung erreichen Anlagen-Leistungsbeiwerte von 0,4 oder sogar leicht darüber.

Die Leistung nimmt bei zunehmender Windgeschwindigkeit stark zu. Theoretisch ist bei *doppelter* Windgeschwindigkeit die Leistung *achtmal* so hoch (Leistung ist proportional V_{wind}^3). Das zeigt auch, daß bei Aufstellung von WKA schon eine kleine Verbesserung der Windverhältnisse die Erträge deutlich steigert. Die Umgebung sollte möglichst frei, der Turm hoch und die Anlage damit hoch im Wind sein, da dieser durch abnehmenden Einfluß der Bodenreibung mit der Höhe zunimmt. Begrenzend wirken die Kosten für den Turm.

Die Anzahl der Rotorblätter einer WKA wird bei der Auslegung bestimmt, je nach Einsatzzweck. Ein Rotor mit vielen Blättern hat hohes Drehmoment bei geringer Drehzahl, er eignet sich vor allem für Fälle, wo Kraft gebraucht wird, z.B. als Wasserpumpenantrieb. Die amerikanische Windrose ist eine konsequent vielblättrige WKA. Bei höheren Drehzahlen wird der Wirkungsgrad schlecht, weil sich die Luftströmung sozu-sagen ›noch nicht vom vorherigen Blatt erholt hat‹. Ein zu schnelles, dichtes Aufeinanderfolgen der Blätter führt zu ge-genseitigen Störungen. Wird der Rotor mit wenigen Blättern ausgerüstet, ist das Drehmoment im Prinzip geringer, die Drehzahl jedoch höher. Daher ist die Leistung (Kraft mal Weg pro Zeiteinheit) höher. Der beste Wirkungsgrad liegt bei höhe-ren Drehzahlen. Die Blätter sind ›schneller unterwegs‹, um die ganze Rotorkreisfläche bestmöglich ›abzuernten‹. Deshalb ist es besonders wichtig, widerstandsarme Profile zu verwen-den. Bei hoher Geschwindigkeit würden Blätter mit viel Luft-widerstand eine hohe schädliche Bremskraft erzeugen.

Windkraft zur Stromerzeugung: Bei der Gewinnung von Was-serstoff ist Elektrizität für die Elektrolyse (Trennung von Was-serstoff und Sauerstoff aus Wasser unter elektrischer Span-nung) erforderlich, die WKA muß also Strom erzeugen. Das paßt sehr gut zu den modernen WKA, die vom Grundkonzept her alle eben genau dafür ausgelegt sind. Zur Stromerzeugung ist es – stark vereinfacht gesagt – notwendig, Spulen möglichst schnell durch ein Magnetfeld zu bewegen, das dann in den Spulen Strom fließen läßt. Aus diesem Grunde ist es sinnvoll und richtig, wenn schon vom Rotor her eine relativ hohe Drehzahl bzw. Geschwindigkeit bereitgestellt wird. Grenze ist hier die Geschwindigkeit der Blattspitzen. Sie darf nicht zu hoch sein, da sonst die WKA sehr laut würde. Das ist heute in unseren dicht besiedelten Landschaften nicht akzeptabel.

Diese Bedingung führt zu gewissen Rotor-Drehzahlberei-chen, welche für die verschiedenen Anlagengrößen/Rotor-durchmesser jeweils üblich sind. Die große Mehrzahl ist mit drei Rotorblättern ausgerüstet, was sich als guter Kompromiß von Bauaufwand, passendem Drehzahlbereich, ›Benehmen‹ des Rotors, Wirkungsgrad, Lasten auf die WKA und nicht zu-letzt auch optischem Eindruck herausgestellt hat.

Die Drehzahl des Rotors kann man nun durch ein Zahnradgetriebe weiter ins Schnelle übersetzen, so daß hochdrehende Maschinen als Generator eingesetzt werden können. Sie sind relativ klein und in der Ausführung serienmäßigen elektrischen Maschinen ähnlich. Auch die Getriebe können unter Nutzung der Erfahrungen aus dem Bau von normalen Industriegetrieben ausgelegt werden und sind heute ein sehr zuverlässiges Element in einer WKA.

Eine andere Möglichkeit ist der direkte Antrieb des Generators durch den Rotor. Um die o.g. Geschwindigkeit der Spulen im Magnetfeld zu erreichen, muß der Generator einen großen Durchmesser – d.h. eine relativ hohe Geschwindigkeit am äußeren Umfang – und viele Spulen haben, da der Rotor für ›elektrische Verhältnisse‹ recht langsam dreht. Solche Generatoren sind speziell für die WKA entwickelte Sonder-Bauteile. Ein Getriebe ist jedoch nicht erforderlich.

Fast alle heutigen WKA speisen ihre Leistung direkt ins Stromnetz ein. Die technische Anpassung des elektrischen Systems der WKA an die Anforderungen der H_2-Erzeugung ist möglich. Es gibt bereits mehrere Beispiele von WKA, die in ein Wasserstoff-System eingebunden sind. Die erste, wie erwähnt, schon Ende des 19. Jahrhunderts.

Windkraft und Wasserstoff: Die Fachhochschule Wiesbaden hat sich mit solarem Wasserstoff befaßt und Versuchsanlagen betrieben. Die gewonnenen Erkenntnisse wurden hochgerechnet auf ein größeres System. Die angenommene Wind-H_2-Anlage bestand aus einer 60 kW-WKA, Elektrolyseur und Blockheizkraftwerk. Der Preis für die erzeugte Energie (elektrisch und thermisch) wurde mit 0,90 DM pro Kilowattstunde (kWh) angegeben (kWh = Einheit für Energie, ›Leistung in kW mal Zeit in h‹ = Energiemenge).

Eine Solaranlage mit Elektrolyseur, Speicher und Brennstoffzelle erzeugt Strom zum Preis von 3,90 DM pro kWh. Diese Werte sind bei größeren Anlagenstückzahlen und zunehmend erprobter Technik stark reduzierbar. Die Zunahme der Größe der WKA erhöht auch die Wirtschaftlichkeit, da Infrastrukturkosten anteilig im Verhältnis geringer werden, bezogen auf die abgegebene Energiemenge der Anlage.

Eine moderne WKA kann die Energie zur *Erzeugung des Stroms für die Elektrolyse* relativ preiswert erbringen. Angenommen wird eine WKA mit 1000 kW Nennleistung, 57 Meter Rotordurchmesser und 60 Meter Nabenhöhe, aufgestellt zunächst an einem sehr guten, windreichen Standort bei Niebüll in Nordfriesland. Der Energieertrag kann errechnet werden aus der Jahres-Durchschnitts-Windgeschwindigkeit. An dem genannten Standort wird die Jahres-Durchschnitts-Windgeschwindigkeit für ein normales Windjahr mit 6,5 m/s auf Nabenhöhe angenommen. Daraus ergibt sich ein Energie-Ertrag der WKA von 2 375 000 kWh/Jahr.

Die Investitionskosten für die WKA werden für eine komplette WKA mit 2,05 Mio. DM angesetzt inkl. Bau der Zufahrtswege, Transport, Aufstellung und Inbetriebnahme der Anlage. Eine WKA zur Wasserstoff-Gewinnung braucht natürlich keine Übergabestation zur Netzeinspeisung. In unserem Beispiel werden die Kosten dafür jedoch nicht abgezogen. Der Aufwand für die Anpassung des Generators der WKA an die Anforderungen für H_2-Erzeugung gleicht sie aus. Unter Annahme eines Eigenkapitals von 25 Prozent und einer Finanzierung der Restsumme über zehn Jahre mit derzeit üblichen Zinssätzen ergibt sich ein gemittelter jährlicher Kapitaldienst von 210 000 DM. Die festen Betriebskosten für Wartung, Reparaturen, Versicherungen, Pacht etc. werden im üblichen Rahmen mit 87 000 DM/Jahr angesetzt. Gemittelt wird über 20 Jahre; das ist die vorgesehene Gebrauchsdauer der WKA.

Unter diesen Voraussetzungen stellt die WKA in den ersten zehn Jahren Strom für die H_2-Produktion zum Preis von 0,125 DM/kWh bereit. Für die zweiten zehn Jahre, nach Ende des

Kapitaldienstes, beträgt der Wert 0,04 DM/kWh. In dieser Zeit sind jedoch zunehmende Aufwendungen für Reparaturen/ Überholungen wahrscheinlich, so daß der niedrige Wert nicht zu erreichen ist. Gemittelt über 20 Jahre kann man für erste Abschätzungen Kosten von *0,10 DM/kWh* für elektrische Energie aus einer WKA an einem sehr guten Standort ansetzen. Für einen normalen Standort mit geringerem Windangebot wird der Wert ungünstiger. Realistisch ist ein Wert von *0,15 DM/kWh*. Zu diesen Werten sind Gewinne, Deckungsbeiträge o.ä. für den Betreiber der Anlage hinzuzurechnen.

Sorgfältige Projektierung: Die Technik zur Erzeugung von H_2 ist prinzipiell vorhanden. Sie ist nicht fertig zu kaufen. Es ist eine sorgfältige Projektierung, Entwicklung und Erprobung erforderlich. Rein betriebswirtschaftliche Betrachtungen benachteiligen leider neue, zukunftsweisende Ideen und bremsen deren Fortschritt. Hauptproblem ist immer, daß Umweltfolgen jeglicher Art in den Kostenansätzen der traditionellen Energien nicht enthalten sind. Schäden durch Erdölförderung, Uranabbau, Kohlebergbau, Transporte, Schadstoffausstoß bei Verbrennungen und natürlich Katastrophengefahr und Entsorgungsrisiken der Kernkraft werden in der Kalkulation schlicht ignoriert. Alle diese Bedrohungen entstehen bei der Erzeugung von Wasserstoff durch Windenergie nicht.

Eine ausgewogene Betrachtung würde zeigen, daß eine dezentrale, dem Verbrauchsort nahe H_2-Erzeugung sinnvoll ist. Hierzu eignet sich die Windenergie als Partner; sie ist auch in Gebieten mit weniger direkter Sonneneinstrahlung einsetzbar. Entfernungen vom Erzeuger zum Verbraucher werden verringert. Dadurch sinkt der Energieverbrauch für Transporte des Wasserstoffs.

Es wäre zu wünschen, daß sich z.B. Mineralölkonzerne dazu entschließen, Wasserstoff-Tankstellen mit eigener Windkraftanlage an Straßen und Autobahnen außerhalb geschlossener Ortschaften zu bauen – überall dort, wo guter Wind und die Anströmung weitgehend frei ist. Oder an Häfen, so daß Schiffe und Landfahrzeuge sie nutzen können.

Zur Erzeugung eines hohen Anteils an der Stromversorgung auf der Basis regenerativer Energie (Sonne, Wasser und eben Windkraft) sind auch Spitzenlastkraftwerke wünschenswert. In Zeiten starken Windes und geringen Verbrauchs wird Wasserstoff erzeugt und gespeichert. Bei hohem kurzfristigen Bedarfsanstieg (›Spitzenlast‹) wird die zusätzliche Leistung durch Wasserstoff-Kraftwerke bereitgestellt. Bei Erzeugung von speicherbarem Wasserstoff mit WKA wird auch der Vorwurf, die Windkraftleistung sei nicht kalkulierbar, gegenstandslos. Windkraft und Wasserstoff gehören zusammen!

Dipl.-Ing. Carsten Eusterbarkey
Husum

Solarer Wasserstoff und Wasserkraft

»**Nur wenn Wasserstoff** mit Hilfe einer regenerativen Energie produziert wird, deren Einsatz keine Umweltschäden hervorruft und die als Rohstoff kostenlos und unbegrenzt vorhanden ist, kann man von einer ›Energierevolution‹ sprechen.«

Diese Aussage führt in erster Linie zu einer solaren Wasserstoffproduktion, aber auch andere unstetige Energieerzeugungen wie z.B. die Wasserkraft kommen in Betracht. Der Einsatz großer Wasserkraftanlagen wurde bereits in mehreren Studien abgeschätzt. Bleibt die Frage, wie steht es mit der Nutzung von kleinen regionalen Laufwasserkraftanlagen?

Nach oberflächlichem Eindruck bietet Schleswig-Holstein als überwiegend flaches Land keine besonderen Standortvorteile für die Nutzung der Wasserkraft. Doch Ermittlungen haben ergeben, daß vor 100 Jahren im Land zwischen den Meeren noch etwa 300 Wassermühlen in Betrieb waren. Diese relativ große Zahl erklärt sich aus der Tatsache, daß Schleswig-Holstein über Fließgewässer mit einer Länge von etwa 21.500 km verfügt. Von den ehemals 300 Standorten konnten jetzt noch 286 ausfindig gemacht werden.

Eine von mir durchgeführte Untersuchung zeigt bei 156 Standorten, die näher untersucht wurden, folgendes Bild: Bei 67 Anlagen sind noch die wichtigsten technischen Elemente vorhanden. In 23 Anlagen wird Strom produziert. Neun Anlagen nutzen die Wasserkraft zur Erzeugung von mechanischer Energie oder Wärme. Von den Strom erzeugenden Anlagen überschreiten zwei die Leistungsgrenze von 1 MW, die anderen sind Kleinkraftwerken zuzurechnen.

Die Statistik der Vereinigung Deutscher Elektrizitätswerke (VDEW) weist für Schleswig-Holstein aber lediglich neun Fremdanlagen unterhalb der Leistungsgrenze von 1 MW aus. Sie gaben 1986 zusammen 1.200.000 kWh Strom an das öffentliche Netz ab. Daraus wird ersichtlich, daß die Statistik der Elektrizitätswirtschaft und die von mir vorgenommene

Erhebung Differenzen aufweisen: *Es bestehen nicht unerhebliche Leistungsreserven.* Die Nutzung dieser Reserven kann mit moderner Technik erleichtert werden.

Über Jahrhunderte hinweg stellten Wasserräder verschiedener Konstruktion Energie für Mühlen und andere technische Einrichtungen bereit. Während zunächst unterschlächtige Wasserräder die Fließenergie des Wassers nutzten, kamen später oberschlächtige Räder hinzu, durch welche bevorzugt die statische Energie genutzt wurde. Voraussetzung war allerdings der Bau größerer Stauwehre, um eine größere Fallhöhe des Wassers zu erreichen. Die Wirkungsgrade dieser Art Energiegewinnung liegen bei 70 bis 75 %. Auch heute noch sind besonders die unterschlächtigen Wasserräder bei Wassermengen unter 3 m^3 pro Sekunde und Fallhöhen bis 2 m wirtschaftlicher als Turbinen. Es werden keine komplizierten Rechen- und Rechenreinigungsanlagen benötigt; die Regelung kann einfach gehalten werden.

Mit Wirkungsgraden bis zu 90 % arbeiten moderne Turbinen. Allerdings sind auch die Voraussetzungen für einen ungestörten Betrieb erheblich höher als bei Wasserrädern. Zwar läßt sich für jede Wassermenge und Fallhöhe eine passende Turbine bestimmen, doch sind folgende Punkte zu beachten:

● Das Gefälle muß höher sein als für Wasserräder.

● Stau- und Wehranlagen sind immer notwendig.

● Aufwendige Schutzvorkehrungen gegen Wasserverunreinigungen sind einzuplanen.

● Bei schwankendem Wasserstand ergeben sich große Verschiebungen im Wirkungsgrad.

Die modernste Entwicklung stellen Kompaktanlagen dar, bei denen Turbine, Getriebe und Generator zusammen mit dem Saugrohr eine Einheit bilden. Diese werden montagefertig geliefert und sind statisch so ausgebildet, daß Betontiefbau entfallen kann.

Der Neubau oder auch die Erweiterung von Wasserkraftanlagen bedeuten einen Eingriff in ein bestehendes ökologisches System. Einer möglichen Beeinträchtigung steht aber in jedem Fall auch ein ökologischer Nutzen gegenüber. Nutzen und Schaden durch den Bau oder den Betrieb von Wasserkraftwerken sind jeweils im Einzelfall gegenüberzustellen und abzuwägen.

Die Hauptbeeinträchtigung der Umwelt durch Wasserkraftwerke beruht in der Umgestaltung der Landschaft. Weitere ökologische Beeinträchtigungen können durch die Anhebung des Grundwasserspiegels entstehen. Dadurch sind Konflikte mit Anrainern und Oberliegern nicht ausgeschlossen. Im Unterlauf von Kanal- und Umleitungskraftwerken ist darauf zu achten, daß immer eine genügende Restwassermenge vorhanden ist, damit Fischen und Kleinlebewesen ein ausreichender Lebensraum gesichert wird.

Beim ökologischen Nutzen gibt es eine direkte und eine indirekte Nutzenkomponente. Direkter Nutzen entsteht unmittelbar aus dem Betrieb von kleinen Wasserkraftwerken. Der indirekte Nutzen für die Umwelt läßt sich aus einem einfachen Vergleich mit anderen Arten der Energieerzeugung ableiten. Zu den direkten ökologischen Nutzenkomponenten, die sich unmittelbar aus dem Betrieb von kleinen Fließwasserkraftwerken ergeben, zählen:

● Gewinnung eines regenerativen Energieträgers,
● Hebung und Stabilisierung des Grundwasserspiegels,
● Sauerstoffanreicherung des Gewässers,
● Reinigung des Gewässers von Abfallstoffen,
● Sedimentation von Schad- und Nährstoffen im Staubereich vor dem Wasserkraftwerk.

Indirekte ökologische Nutzenkomponenten lassen sich aus einer Substitutionsbetrachtung ableiten. Mit Hilfe von kleinen Wasserkraftwerken erzeugte Energiemengen werden einer gleichgroßen Energiemenge aus einer anderen Erzeugungsart gegenübergestellt.

Die Gesamtrechnung ergibt: Das Potential aus den kleinen Wasserkraftwerken in Schleswig-Holstein würde ausreichen, um ca. 16.000 t Steinkohle- bzw. entsprechende Uran- oder Öläquivalente zu substituieren. Je nach ersetztem Energieträger werden dadurch bis zu 45.000 Tonnen CO_2 vermieden.

Kleine Wasserkraftwerke bieten gegenüber anderen Umwandlungstechniken aber auch weitere Vorteile:

- Emissionsfreie Energieerzeugung
- Keine Entsorungsproblematik
- Keine Belastung durch Verkehr
- Kein Verbrauch von Rohstoffen
- Dezentrale Lage der Standorte

Ob jedoch im Hinblick auf den gesamten Primärenergieverbrauch der sehr bescheidene Beitrag der kleinen Wasserkraftwerke Beachtung finden wird, muß wohl mit der Realisierung großer Solarkraftwerke und mit dem weltweiten Handelsaustausch der Energie ›Solarer Wasserstoff‹ beurteilt werden.

Dipl.-Ing. Harald Petersen
Beratender Ingenieur
Nordstraße 1
24937 Flensburg

Elektrolyse- und Brennstoffzellen

Die chemische Energie G, die bei der Oxidation von Wasserstoff mit dem Sauerstoff der Umgebungsluft frei wird, beträgt bei Raumtemperatur 112,45 kJ/g und auf das Volumen bezogen für flüssigen Wasserstoff 7,96 kJ/cm^3 [1]. Wasserstoff, der in Metallegierungen wie TiFe, MgNi oder LaNi$_5$ eingelagert ist, hat zwar auf das Gewicht bezogen geringere Werte, aber eine höhere Energiedichte, beispielsweise im Falle des Titaneisens 2,11 kJ/g und 11,32 kJ/cm^3 [2]. Zum Vergleich hat Benzin einen Energieinhalt von nur etwa 42 kJ/g, aber 31 kJ/cm^3 [1]. Die reichliche Verfügbarkeit des Wasserstoffs, der in Form von Wasser gebunden ist, macht es zu einem idealen, hochwertigen Energieträger für stationäre und mobile Anwendungen.

Wasserstoff von höchster Reinheit kann durch Elektrolyse gewonnen werden. Der dazu erforderliche Strom sollte in Verbindung mit der Nutzung regenerierbarer Energiequellen gesehen werden, beispielsweise durch den Einsatz von photovoltaischen und photogalvanischen Solarzellen, Wasserkraftwerken, Wind-, Gezeiten- und Wellengeneratoren. Der Wasserstoff dient dabei als Energiespeicher für Zeiten und Anwendungen, die keine direkte Nutzung solarer Energie zulassen.

Die gleiche Anordnung, die der Elektrolyse des Wassers dient, kann zur direkten Umwandlung der chemischen Energie des Wasserstoffs in elektrischen Strom verwendet werden. Dabei liegen Carnotsche Verluste, die prinzipiell bei Wärmekraftgeneratoren auftreten, nicht vor. Aufgrund der Verfügbarkeit von festen Ionenleitern mit hohen Leitfähigkeiten haben diese Materialien für die Anwendung in Elektrolyse- und Brennstoffzellen eine hohe Aufmerksamkeit erlangt. Von diesen neueren Entwicklungen wird hauptsächlich die Rede sein.

Prinzip der Wasserelektrolyse: Das klassische Verfahren der Erzeugung von Wasserstoff ist die Zersetzung von Wasser, das hinreichend elektrisch leitfähig gemacht wird, unter Verwendung von zwei metallischen Elektroden. Dieser Prozeß der Wasserspaltung im Einsatzbereich des flüssigen Wassers ist von hohen Verlusten begleitet und bedarf der Anwendung meist teurer Katalysatoren. Mit steigender Temperatur erniedrigt sich die Überspannung und wird bei erhöhter Temperatur für Wasserdampf oberhalb etwa 500 °C vernachlässigbar. In diesem Temperaturbereich bieten sich sauerstoffionenleitende feste keramische Membranen an, die den Strom in Form von Sauerstoffionen leiten und gleichzeitig einen gasdichten Separator bilden. Eine solche galvanische Zelle kann prinzipiell nicht wie ein flüssiger Elektrolyt auslaufen, zeigt keine Löslichkeit anderer gasförmiger Teilchen als Sauerstoff aus dem Dampf und benötigt nur einen geringen Wartungsaufwand. Der feste Ionenleiter separiert den Wasserdampf von der Gegenelektrode, die meist aus Luft besteht. Durch Zersetzung des Wasserdampfs und Transport des Sauerstoffs durch den festen Elektrolyten bleibt reiner Wasserstoff zurück. Die Elektrolysezelle hat folgenden prinzipiellen Aufbau (Abb. 1, links):

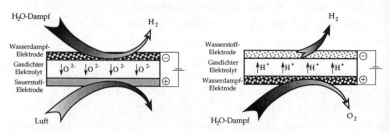

Abb. 1 Wasserdampfelektrolyse mit festem Sauerstoffionenleiter (links) und festem Protonenleiter (rechts).

An den Elektroden finden folgende Einzelreaktionen statt:
$$H_2O + 2e^- \rightarrow O^{--}(\rightarrow) + H_2$$
$$O^{--}(\rightarrow) \rightarrow \tfrac{1}{2}O_2 + 2e^-$$
mit der daraus resultierenden Gesamtzellreaktion
$$H_2O\,(p_{H_2O}) \rightarrow H_2\,(p_{H_2}) + \tfrac{1}{2}O_2\,(p_{O_2}).$$

Tabelle 1. Aufzuwendende thermodynamische Spannung E [V] zum Erreichen einer vorgegebenen Wasserstoffkonzentration unter Verwendung eines Sauerstoffionenleiters für verschiedene Temperaturen.

	H_2/H_2O		
	10	100	1000
500 K	1.168	1.217	1.267
1000 K	1.064	1.163	1.262

Tabelle 2. Thermodynamisch erreichbare Spannung E [V] einer Brennstoffzelle mit festem Sauerstoffionenleiter bei verschiedenen Temperaturen.

H_2	H_2O/H_2		
	10	100	1000
500 K	1.069	1.019	0.969
1000 K	0.866	0.766	0.667

Die zur Zersetzung aufzuwendende thermodynamische Spannung E hängt von der Temperatur und dem zu erzielenden Verhältnis H_2/H_2O ab (Tabelle 1). Zu dieser Spannung ist die unvermeidbare Ohmsche Polarisation aufgrund des elektrischen Widerstands des Elektrolyten hinzuzuaddieren. Mit weiteren Polarisationen $E_{elektrode}$ des Reduktions- und Oxidationsprozesses des Ein- und Ausbaus von Sauerstoffionen in den bzw. aus dem Elektrolyten ergibt sich folgende für die Elektrolyse tatsächlich aufzuwendende Spannung

$$E = \frac{kT}{4q} \ln \frac{p_{O_2}^{rechts}}{p_{O_2}^{links}} + IR + E_{Elektrode} \qquad (1)$$

(k: Boltzmann-Konstante, T: absolute Temperatur, q: Elementarladung, $p_{O2}^{rechts,links}$: Sauerstoffpartialdruck auf der rechten, linken Seite des Festelektrolyten, I: elektrischer Strom, R: elektrischer Widerstand)

oder unter Darstellung des Widerstands durch die Leitfähigkeit σ und geometrische Größen

$$E = \frac{kT}{4q} \ln \frac{p_{O_2}^{rechts}}{p_{O_2}^{links}} + \frac{iL}{\sigma} + E_{Elektrode} \qquad (2)$$

(i: Stromdichte, L: Elektrolytdicke).

Beispielsweise ergibt sich bei einer Wasserstofferzeugungs-rate von 100 cm³/h pro cm² Elektrolytfläche bei einer ioni-schen Leitfähigkeit von 10^{+1} $\Omega^{-1}cm^{-1}$ und einer Elektrolytdicke von 100 µm ein Widerstandspolarisationsanteil von 23,9 mV.

Alternativ können feste Protonenleiter verwendet werden, beispielsweise Nafion®, ein fluoriertes Polymer, das bereits bei Raumtemperatur eine hohe Protonenleitung aufweist [3] oder eines der in jüngster Zeit entdeckten Perowskite, beispiels-weise $BaCeO_3$ [4] (Abb. 1, rechts).

An den Elektroden laufen in diesem Falle folgende Einzelreak-tionen ab

$$2H^+ + 2e^- \rightarrow H_2$$
$$H_2O \rightarrow \tfrac{1}{2}O_2 + 2H^+ + 2e^-$$

mit der Gesamtzellreaktion,

$$H_2O(p_{H_2O}) \rightarrow H_2(p_{H_2}) + \tfrac{1}{2}O_2(p_{O_2}),$$

die der Reaktion im Falle eines Sauerstoffionenleiters gleicht, aber andere Partialdrucke der Gase und des Dampfes auf-weist. Die anzulegende thermodynamische Spannung hängt von der Temperatur ab und beträgt 1,118 V bei 500 K und 0,965 V bei 1000 K, wenn auf der einen Seite atmosphärischer H_2-Druck und auf der anderen Seite Wasserdampf mit atmo-sphärischem Sauerstoffdruck (0,21 bar) vorliegt.

Prinzip der Brennstoffzelle: Die Prozesse der Elektrolysezelle laufen in der Brennstoffzelle zur direkten Verbrennung des Wasserstoffs bei gleicher Anordnung in umgekehrter Richtung ab (Abb. 2). Dabei wird die Energie, die zur Spaltung des Was-sers aufgebracht wurde, wieder zurückgewonnen. Dieser Vor-gang kann nicht völlig verlustfrei sein, da ebenfalls ein Ohm-scher Widerstand und eine Hemmung des Ein- und Ausbaus von Sauerstoff bzw. Wasserstoff vorliegt. Diese Verluste wer-den durch hohe Leitfähigkeiten des verwendeten Elektrolyten und geeignete Elektroden mit geringer kinetischer Hemmung minimiert.

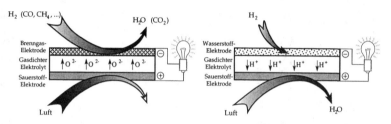

Abb. 2 Brennstoffzelle mit festem Sauerstoffionenleiter (links) und festem Protonenleiter (rechts).

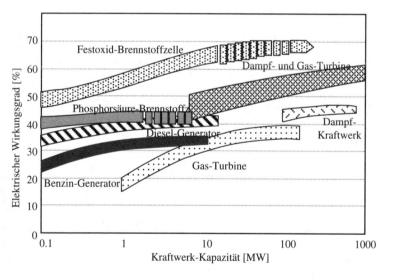

Abb. 3 Gesamtwirkungsgrad von Brennstoffzellen mit festen oxidischen Ionenleitern und Protonenleitern im Vergleich zu modernen konventionellen Kraftwerken.

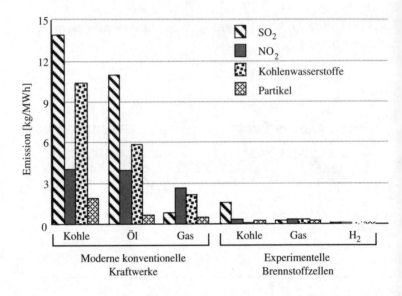

Abb. 4. Vergleich der Emissionen von modernen konventionellen Kraftwerken mit denen experimenteller Brennstoffzellen mit festen Sauerstoffionenleitern.

Unter Verwendung eines Sauerstoffionenleiters liegen bei einer mit Wasserstoff betriebenen Festelektrolytbrennstoffzelle folgende Einzelelektrodenreaktionen vor

$$O^{--} (\leftarrow) + H_2 \rightarrow 2e^- + H_2O$$

$$\tfrac{1}{2}O_2 + 2e^- \rightarrow O^{--} (\leftarrow)$$

mit der Gesamtzellreaktion

$$H_2 \, (p_{H_2} + p_{H_2O} = 1 \text{ atm}) + \tfrac{1}{2}O_2 \, (p_{O_2} = 0{,}21 \text{ atm}) \rightarrow H_2O \, (p_{H_2O}).$$

Die nutzbare Zellspannung unter Stromfluß ist um die Ohmsche Widerstandspolarisation und die Elektrodenpolarisation reduziert:

In Tabelle 2 sind die thermodynamischen Daten für verschiedene H_2/H_2O Verhältnisse auf der Brenngasseite zusammengestellt.

Für feste Protonenleiter liegen folgende Einzelelektrodenreaktionen vor

$$H_2 \rightarrow 2H^+ (\rightarrow) + 2e^-$$
$$2H^+ (\rightarrow) + \tfrac{1}{2}O_2 + 2e^- \rightarrow H_2O$$

mit der Gesamtzellreaktion

$$H_2 \, (p_{H_2} = 1 \text{ atm}) + \tfrac{1}{2}O_2 \, (p_{O_2} = 0,21 \text{ atm}) \rightarrow H_2O \, (p_{H_2O}).$$

Die Zellreaktion ist wiederum die gleiche wie im Falle eines Sauerstoffionenleiters, aber es liegen im allgemeinen andere Spannungen vor, die analog denen der Elektrolysezelle mit Protonenleiter sind.

Gegenüber konventionellen Wärmekraftwerken liegen die Vorteile auf der Hand. Durch Vemeidung der beiden Energie-Zwischenzustände als Wärme und mechanische Energie mit der prinzipiellen Carnotschen Begrenzung können höhere Wirkungsgrade erzielt werden (Abb. 3). Weitere Vorteile liegen darin, daß keine beweglichen Teile vorliegen und schädliche Abgaskonzentrationen verringert werden können.

Vorteilhaft können Brennstoffzellen auch zur direkten Verbrennung von Erdgas, Kohlegas oder anderen fossilen Energieträgern eingesetzt werden. Beispielsweise ergibt sich für Methan mit folgender Zellreaktion

$$CH_4 + 2O_2 \rightarrow 2H_2O + CO_2$$

eine freiwerdende Energie von 34,8 kJ/g bei 500 K und 36,3 kJ/g bei 1000 K. Damit wird ein breiter Einsatz von Brennstoffzellen bereits möglich, auch bevor eine Wasserstoffökonomie realisiert wird. Neben dem deutlich höheren Wirkungsgrad läßt sich eine drastische Reduktion der Emissionen

selbst bei der Verwendung konventioneller Brennstoffe erreichen (Abb. 4).

Bauweisen: Die Prinzipien der Elektrolyse- und Brennstoffzellen sind keinesfalls neu. Daher stellt sich die Frage, warum
diese effiziente und umweltfreundliche Methode nicht schon
längst im Einsatz ist. Der entscheidende Grund liegt in der
Verfügbarkeit geeigneter Materialien, die einen preiswerten
und langlebigen Aufbau ermöglichen, um auch nur annähernd
mit gegenwärtigen konventionellen Kraftwerken konkurrenzfähig zu sein. Prinzipiell ist die Funktionsweise von Elektroly-
se- und Brennstoffzellen vielfach demonstriert worden, aber
der notwendige Einsatz teurer Werkstoffe und das Auftreten
von Seitenreaktionen der miteinander in Kontakt stehenden
Materialien haben bisher den breiten Durchbruch verhindert.
Auf diesem Gebiet sind von Materialwissenschaftlern noch geeignete Materialien und Kombinationen von Materialien zu
entwickeln, die sich an wirtschaftlichen Bedingungen orien-
tieren.

Mehrere Konstruktionsweisen von Elektrolyse- und Brennstoffzellen liegen in Form von Prototypen vor oder befinden
sich in der Entwicklung. Sie unterscheiden sich durch die geometrische Anordnung und durch die Verwendung der Elektro-
lyte und Elektroden als monolithische Körper, dünne und dik-
ke Filme.

Bei der monolithischen Festoxidbrennstoffzelle (SOFC:
Solid Oxide Fuel Cell) werden einzelne Röhren aus sauerstoff-
ionenleitenden Keramiken verwendet. Runde und rechteckige
Querschnitte wurden eingesetzt. Die einzelnen Rohre wurden
extern miteinander verschaltet, oder es wurden einzelne kur-
ze Rohrelemente (*bodenlose Eimer*) ineinandergeschachtelt.
Die letzte Anordnung soll die verschiedenen elektrischen
Spannungen einzelner Zellen aufgrund unterschiedlicher
Gaszusammensetzungen und Temperaturen addieren statt ei-

nen Mittelwert zu bilden [5]. Diese Technologie wurde aufgegeben, da geeignete Verbindungsmaterialien zwischen den einzelnen Zellen mit hinreichend langer Lebensdauer nicht realisierbar waren. Diese Materialien müssen unter reduzierenden und oxidierenden Bedingungen stabil sein und eine hohe elektronische Leitfähigkeit zeigen. Gleichzeitig darf kein Leck für Gase durch simultane Diffusion von Sauerstoffionen und Elektronen entstehen.

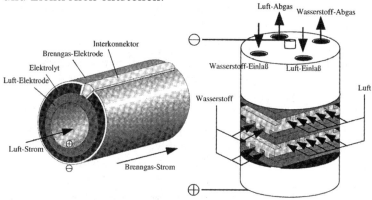

Abb. 5 Aufbau der Westinghouse-Brennstoffzelle mit rohrförmigen Festelektrolyten, die als dünne Filme auf einem porösen Trägermaterial aufgebracht sind.

Abb. 6 Aufbau der Brennstoffzelle aus Einzelzellen in Sandwichanordnung mit plattenförmigen Festelektrolyten, festen Elektroden und bipolaren Platten.

Alternativ wurden von Westinghouse zur Miete kommerziell verfügbare Brennstoffzellen mit Rohren aus porösem Substrat mit einem sauerstoffionenleitenden Dünnfilm hergestellt. Ein Segment des kreisförmigen Querschnitts wurde ausgespart, um eine serielle Schaltung mit einem benachbarten Rohr zu ermöglichen (Abb. 5). Diese Anordnungen befinden sich seit etwa fünf Jahren im Testeinsatz in allen Erdteilen.

Um einen möglichst preiswerten Aufbau zu erreichen, wurde eine Anordnung mit Elektrolytplatten, die in Dickschichttechnik nach der Methode des Tapecastings hergestellt wurden, entwickelt. Die einzelnen Platten sind mit Elektroden versehen und mit Hilfe metallischer Platten seriell miteinander verbunden (Abb. 6). Diese bipolaren Platten enthalten oben und unten Rillen, die um 90° gegeneinander versetzt sind. Sie führen das Brenngas und die Luft, die mittels eines Gehäuses allen Zellen gemeinsam zugefügt werden. Durch diese Konstruktion strömt das Brenngas stets an die Oberseite der keramischen Ionenleiter und die Luft an die Unterseite der Einzelzellen.

Beim Einsatz festoxidischer Brennstoffzellen mit fossilen Brennstoffen, beispielsweise Erdgas, können vergleichsweise schmutzige Gase verwendet werden. Eine Reformierung ist bei den verwendeten erhöhten Temperaturen von 600 - 900 °C nicht mehr erforderlich.

Protonenleitende Polymere werden dagegen im niedrigen Temperaturbereich von Raumtemperatur bis $\approx$ 200 °C eingesetzt. Diese Materialklasse läßt leicht die Fertigung von Folien zu, wenngleich der Preis aufgrund der erforderlichen elektrochemischen Stabilität der Materialien noch ein wesentliches Hindernis darstellt. Der Aufbau entspricht prinzipiell dem der planaren Anordnung mit porösen Pt-Elektroden und bipolaren Platten. Entwicklungen von Brennstoffzellen mit protonenleitenden Polymeren wurden vor allem von Ballard und Siemens vorangetrieben. Sie sind für spezielle Einsätze, z. B. in U-Booten, kommerziell bereits erhältlich. Um Elektrodenvergiftungen zu vermeiden, ist hochreiner Wasserstoff erforderlich. Bei anderen chemischen Energieträgern ist zunächst eine Reformierung des Gases, d. h. die Bildung von H_2 und CO bei erhöhter Temperatur, erforderlich.

Materialien: Die Leitfähigkeiten der Sauerstoffionen- und Protonenleiter zeigen grundsätzlich ein Arrhenius-Verhalten, d.h. die Bewegung der Ionen ist thermisch aktiviert. Die für Elektrolyse- und Brennstoffzellen verwendbaren Materialien sind in Abb. 7 zusammengestellt. Aus diesen Werten ergeben sich die Ohmschen Verluste bei der entsprechenden Einsatztemperatur und der gewählten Dicke und Fläche des Elektrolyten.

Unter den Sauerstoffionenleitern werden dotiertes Zirkonoxid, das mit 10 mol% Y_2O_3 in der kubischen Struktur und mit 2 - 3 mol% Y_2O_3 in der tetragonalen Struktur stabilisiert ist, bevorzugt verwendet. Durch den geringeren Verbrauch an Y_2O_3 ist das tetragonale ZrO_2 nicht nur billiger, sondern zeigt auch im unteren Einsatztemperaturbereich eine höhere Gesamtleitfähigkeit und geringere Elektrodenpolarisation [6]. Außerdem ist die Thermoschockempfindlichkeit außerordentlich reduziert gegenüber dem kubischen ZrO_2.

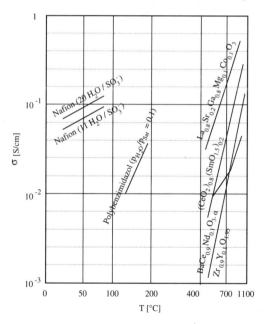

Abb. 7 Ionische Leitfähigkeiten der wichtigsten festen Sauerstoffionen- und Protonenleiter in Abhängigkeit von der Temperatur (Arrhenius-Diagramm).

Eine geringe höhere Leitfähigkeit zeigt die Dotierung des ZrO_2 mit Sc_2O_3 [7], das allerdings sehr teuer ist. CeO_2 (+ Gd_2O_3 oder Sm_2O_3) zeigt eine höhere Leitfähigkeit als ZrO_2, aber es ist nicht im gesamten Sauerstoffpartialdruckbereich, der bei einer Brennstoffzelle vorliegt, ein reiner Ionenleiter. Bei niedrigen Sauerstoffpartialdrucken auf der Brennstoffseite macht sich eine überwiegende Überschußelektronenleitung bemerkbar, die zu einer Verringerung des Wirkungsgrades führt, da ein partieller Kurzschluß entsteht. In jüngster Zeit fand ein Perowskit auf der Basis von $LaGaO_3$, das mit verschiedenen Substitutionen im A- und B-Teilgitter modifiziert ist, als potentieller Ionenleiter mit hoher Leitfähigkeit bei vergleichsweise niedrigen Temperaturen große Beachtung [8]. Derzeit fehlen jedoch noch genaue Daten der Charakterisierung der elektrischen Eigenschaften, insbesondere der partiellen elektronischen Leitfähigkeit, dieses Materials.

Ein entscheidender Vorteil eines Polymers liegt in der leichten Herstellbarkeit großflächiger Filme. Weitgehend offen ist die mögliche Reduzierung des derzeit hohen Preises bei größerer Nachfrage. Möglicherweise interessanter ist die Entwicklung geeigneter anderer, billigerer Polymere [9]. Zu berücksichtigen ist ferner, daß käufliches Nafion® (Hersteller: Dupont und Dow Chemicals) vor dem Einsatz als Protonenleiter zunächst in Wasserdampf konditioniert werden und stets eine hohe Feuchte vorhanden sein muß.

Die in jüngster Zeit als Protonenleiter entdeckten perowskitartigen Oxide, besonders auf der Basis von $BaCeO_3$ [4], benötigen ebenfalls einen hohen Wasserdampfdruck. Die Materialien erwiesen sich je nach Temperatur, Sauerstoffpartialdruck und Wasserdampfdruck auch als dominierende Sauerstoffionenleiter und Elektronenleiter. Der erforderliche Wasserdampfpartialdruck, der für eine Protonenleitung erforderlich ist, wird in der Brennstoffzelle durch die Entladung, d. h. die Bildung von Wasserdampf, von selbst aufgebaut.

Bisher unberücksichtigt blieben die Stromkollektoren, d. h. die beiden Elektroden. Sie müssen gleichzeitig gute elektronische Leiter sein, um Widerstandsverluste zu vermeiden, und in der Lage sein, die Sauerstoffionen an den Festelektrolyten anzuliefern bzw. von ihm abzuführen. In langwierigen Untersuchungen wurden geeignete, auch preislich attraktive Materialien entwickelt. Auf der Seite des Wasserstoffs herrschen stark reduzierende Bedingungen, so daß hier Nickel, das mit ZrO_2 in feindispersiver Form als Cermet vorliegt, verwendet wird. Die feine Verteilung erzeugt eine große Grenzfläche (3-Phasengrenze Festelektrolyt, Elektrode, Gas) für den Austausch mit Sauerstoff unter Bildung von Sauerstoffionen durch Aufnahme von Elektronen.

Auf der Seite der Luft und des Wasserdampfs liegen stark oxidierende Bedingungen vor, und es wird im Kontakt mit Eisen das Perowskit $La_{1-x-\gamma}Sr_xMnO_{3-\delta}$ eingesetzt. Zusammen mit dem Elektrolyten handelt es sich um ein 6-komponentiges System mit drei Phasen (zwei festen + einer gasförmigen Phase), das bei einer bestimmten Stöchiometrie hinreichend lange stabil ist und keine Reaktionsschicht mit dem Elektrolyten entstehen läßt [10]. Es liegt keine thermodynamische, sondern nur eine kinetische Stabilität aufgrund hinreichend geringer Diffusionskoeffizienten der beteiligten Komponenten vor. Es ist möglich, den an dieser Seite einzubauenden Sauerstoff durch das Innere der festen gemischtleitenden Elektrode hindurch oder durch die Gasphase der porösen Struktur diffundieren zu lassen.

Zusätzlich sind weitere Bedingungen zu erfüllen, insbesondere die Anpassung der Ausdehnungskoeffizienten und der gute mechanische Kontakt zwischen den verschiedenen festen Phasen. Da Gasräume voneinander zu trennen sind, sind gasdichte, langzeitstabile Lote erforderlich. Glasdichtungen und Golddrähte werden eingesetzt und haben sich bisher hinreichend gut bewährt.

Ein großes Problem sind die bipolaren Platten. Sie müssen sowohl unter reduzierenden als auch oxidierenden Bedingungen stabil und dabei gute metallische Leiter sein. Es haben sich hierfür bei hohen Temperaturen bisher nur außerordentlich teure und schwer zu verarbeitende Stähle mit sehr hohem Chromgehalt als geeignet erwiesen.

Dimensionierung der Elektrolyse- und Brennstoffzellen: Die Dimensionierung der Elektrolyse- und Brennstoffzellen ergibt sich aus dem Leistungsbedarf. Die erzielten Ströme liegen in einem Bereich von 1-2 A/cm². Daraus errechnet sich bei einer Leistung von 100 kW ein Flächenbedarf in der Größenordnung von 10 m² bzw. ein Zell-Volumen von etwa 0,02 m³.

Aussichten: Elektrolyse- und Brennstoffzellen sind prinzipiell realisierbar und zeichnen sich durch zahlreiche vorteilhafte Eigenschaften gegenüber konventionellen Techniken aus. Einem breiten Einsatz stehen noch der hohe Preis und einige notwendige technische Entwicklungen entgegen. Ohne intensive Materialforschung wird die Elektrolyse- und Brennstoffzellentechnologie kaum eine Chance auf Kommerzialisierung und breite Anwendung haben. Es ist aber durchaus sinnvoll, bereits heute das Szenario vorzubereiten, das den Einsatz von Solarenergie als Primärenergiequelle und des Wasserstoffs als stationärem und mobilem Energieträger vorsieht. Gerade in diesem Bereich bietet sich für Europa und speziell für Schleswig-Holstein noch eine gute Chance für die Gestaltung der Zukunft.

Professor Dr. Werner Weppner
Lehrstuhl für Sensorik und Festkörper-Ionik
Universität Kiel
Kaiserstraße 2
24143 Kiel

Referenzen

[1] I. Barin, Thermochemical Data of Pure Substances, VCH, Weinheim, 1989

[2] R. Wiswall, in: Hydrogen in Metals II (G. Alefeld, J. Völkl, Hrsg.), Springer Verlag, Berlin, 1978, S. 201

[3] S. Srinivasan, E. A. Ticianelli, C. R. Derouin, A. Redondo, J. Power Sources 22, 359 (1988)

[4] H. Iwahara, Solid State Ionics 28 - 30, 573 (1988)

[5] F. J. Rohr, in: Solid Electrolytes (P. Hagenmuller, W. van Gool, Hrsg.), Academic Press, New York, 1978, S. 431

[6] W. Weppner, H. Schubert, Advances in Ceramics 24 (Science and Technology of Zirconia III), 837 (1988)

[7] T. M. Gur, I. D. Raistrick, R. A. Huggins, Matls. Sci. & Eng. 46, 53 (1980)

[8] T. Ishihara, H. Furutani, T. Yamada, Y. Takita, Ionics 3, 209 (1997)

[9] J. S. Wainright, J.-T. Wang, D. Weng, R. F. Savinell, M. Litt, J. Electrochem. Soc. 142, L121 (1995)

[10] R. Schachtner, E. Ivers-Tiffée, W. Weppner, R. Männer, W. Wersing, Ionics 1, 63 (1995)

Wasserstoff-Aktivitäten der CAU zu Kiel am FTZ Westküste in Büsum

Die Forschungs- und Entwicklungsarbeiten der Arbeitsgruppe Angewandte Physik/Meerestechnik des Forschungs- und Technologiezentrum Westküste (FTZ) beschäftigen sich entsprechend der Programmplanung für das FTZ seit dem Beginn der wissenschaftlichen Tätigkeit in Büsum im Jahre 1988 mit der Nutzung und Wandlung erneuerbarer Energiequellen an Küstenstandorten. Allgemeine Zielsetzung dieser Arbeiten ist einmal die Erfassung des Leistungsangebotes bei Windenergie und Sonneneinstrahlung am Standort Büsum, die Untersuchung der Wandlungseffizienz kommerziell verfügbarer Konverter (Windgenerator, Photovoltaische Wandler, Niedrig-Temperatur-Kollektoren) und die Erarbeitung von Systemen zur Speicherung regenerativ erzeugter Energie.

Aus dieser relativ breit angelegten Anfangsplanung der Arbeitsgebiete ergab sich in den nachfolgenden Jahren die konkrete Zielsetzung, eine autarke Energieversorgung auf der Grundlage erneuerbarer Energien (Sonne, Wind) zu entwickkeln, aufzubauen und zu demonstrieren, vorrangig für kleine, isoliert lebende Gemeinschaften in „Insel"-Situationen ohne leitungsgeführte Energie- oder Gasverteilung.

Im einzelnen geht es bei diesen Forschungs- und Entwicklungsarbeiten um

- Bereitstellung elektrischer Energie in Form von Drehstrom (Windgenerator im Inselbetrieb) oder in Form von Gleichstrom (Photovoltaischer Wandler), entweder direkt oder über Speicherung der elektrischen Energie in Batteriesätzen,
- Bereitstellung von thermischer Energie durch Wandlung der erzeugten elektrischen Energie in Wasserstoff über Elektrolyse (Kochen, Heizen mit H_2-Brennern bzw. -Thermen),
- Bereitstellung von mechanischer Energie auch unter Mobilitäts-Gesichtspunkten durch Umsetzung von Wasserstoff in Verbrennungsmotoren oder in der Kombination einer Brennstoffzelle mit Elektromotor.

Aus den vorstehend aufgeführten Zielsetzungen bzw. Anwendungen ergeben sich bei der Nutzung und Wandlung erneuerbarer Energien für „Insel"-Situationen die folgenden Systembausteine:

- Energieerzeugung (Windkonverter, Photovoltaik-Wandler),
- Energiewandlung (Wasserstoff-Erzeugung durch Elektrolyse),
- Energiespeicherung (Wasserstoff-Gasometer, Hydrid-Speicher),
- Wasserstoff-Nutzung (Wasserstoff-Brenner, Brennstoff-Zellen).

Bereits mit der Etablierung des Forschungs- und Technologiezentrums Westküste war es möglich, teils aus Landesmitteln, teils aus Mitteln des Bundesforschungsministeriums einen Windgenerator mit einer Nominalleistung von 25 kW für Inselbetrieb und ein Feld von photovoltaischen Wandlern mit 10 kWp zu beschaffen und in Betrieb zu nehmen.

1. Messtechnik: Da die Erfassung des jeweiligen natürlichen Leistungsangebotes eine wesentliche zusätzliche Aufgabe in diesem Bereich darstellte, wurden entsprechende Meßinstallationen auf dem Freigelände des FTZ vorgenommen. Ein Kernstück dieser Meßinstallationen ist ein 10 m hoher Meßmast, der an seiner Spitze ein kommerzielles Windmeßsystem trägt und damit die charakteristischen Winddaten in der Nabenhöhe des benachbarten Windgenerators zu erfassen gestattet. Zur Erfassung der Sonneneinstrahlung wurde ein Solarimeter (Bolometer) installiert. Ferner wurden Sensoren für die Lufttemperatur und die Rückseitentemperatur der Solarwandler vorgesehen. Neben diesen Umweltdaten wurden Leistung und Frequenz des Windgenerators und die Leistung des Sonnenenergiewandlers erfaßt.

Eine schematische Wiedergabe des gesamten Meßsystems ›Büsum‹ mit seinen Baugruppen und der Verkabelung ist in der Abb. 1 wiedergegeben. Wie aus der Abbildung zu ersehen ist, werden alle Daten in Form von 16 Bit-Digitalwerten einem zentralen Datenerfassungssystem zugeführt, hier im Abstand von 2,6 Sekunden verarbeitet, zur Anzeige gebracht und alternativ auf Standard-Disketten oder auf einem speziellen Kassettenlaufwerk mit 60 MB Aufnahmekapazität pro Kassette abgespeichert. Zusätzlich kann der jeweils aktuelle Datensatz über ein Modem vom Institut in Kiel aus abgefragt werden.

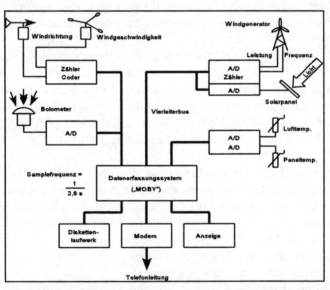

Abbildung 1: Meßsystem „Büsum" zur Charakterisierung von Wind und Sonneneinstrahlung und zur Erfassung der Leistungen eines Windkonverters und eines photovoltaischen Strahlungswandlers

Mit Hilfe dieses Meßsystems wurden für beide Wandlersysteme sowohl das standort- und wetterbedingte Energieangebot als auch die zugehörige Wandlungseffizienz bzw. die jeweils nutzbare Leistung aufgenommen und registriert.

Aus den dabei erhaltenen Datensätzen und Registrierungen ist die diskontinuierliche Natur der regenerativen Energiequellen Sonne und Wind deutlich abzulesen. So liegt die im Tagesverlauf eingestrahlte Energie an einem wolkenfreien Sommertag (4. Juli 1989) bei 7722 Wh/(m²d) und die daraus durch den Solargenerator (bei nach Süden orientierter Aufstellung mit 450 Neigung) erzeugte elektrische Energie bei 462 Wh/(m²d), was einem Wandlungswirkungsgrad von 6 % entspricht. Die entsprechenden Werte an einem relativ wolkenfreien Wintertag (17. Dezember 1989) betragen 693 Wh/(m²d) für die Einstrahlung und 47 Wh/(m²d) für die Energieerzeugung (Wandlungswirkungsgrad 6.8 %).

Ähnlich schwankend sind die Verhältnisse naturgemäß bei der Windenergienutzung. So wurden an einem windreichen Tag (17. Dezember 1989) mit mittleren Windgeschwindigkeiten von über 10 m/s mit dem Büsumer Windgenerator 336 kWh/d an elektrischer Energie erzeugt, was einer mittleren Leistung über 24 Stunden von 14 kW entspricht, während an ruhigen Tagen bei Windstille oder bei geringen Windgeschwindigkeiten unter 3,5 m/s (Anlaufgeschwindigkeit des Rotors) gar keine Energieerzeugung möglich ist.

Tabelle 1: Technische Daten des Windkonverters im FTZ Büsum

Technische Daten des Windkonverters electrOmat-25 (Frees/Brodersby)

Rotor:		Rotor-Maximaldrehzahl	72	1/min
Rotorblattzahl	3	Anlaufgeschwindigkeit		
Rotordurchmesser	10.4 m	(Wind)	3.0	m/s
Rotorfläche	85 m²			
Nabenhöhe	14.5 m	**Generator:**		
Rotor-Nenndrehzahl	70 1/min	Nennleistung	25	kW
Rotor-Umfangs-		(bei Windge-		
geschwindigkeit	38.1 m/s	schwindigkeit)	11.0 m/s	
(bei Nenndrehzahl)				
Schnellaufzahl	3.8	**Getriebe:**		
(bei Nennleistung)		Übersetzungsverhältnis	1:25	
C_P-Wert (Wirkungsgrad)	0.35			

2. Windkonverter: Der auf dem Gelände des FTZ Büsum vorhandene Windkonverter ist ein 3-flügeliger Rotor des Typs electrOmat-25 (Hersteller Frees/Brodersby 1989). Die technischen Daten dieses Windkonverters sind in der Tabelle 1 aufgeführt. Bei einem Rotordurchmesser von 10.4 m und einer daraus sich ergebenden Rotorfläche von 85 m² ergibt sich eine rechnerische Nominalleistung von 25 kW bei einer Windgeschwindigkeit von 11 m/s und einem cp-Wert von 0.35. Die experimentell ermittelte, reale Leistungskennlinie in der Abb. 2 zeigt Maximalwerte bei 20 kW, die etwa bei 12 m/s Windgeschwindigkeit erreicht werden.

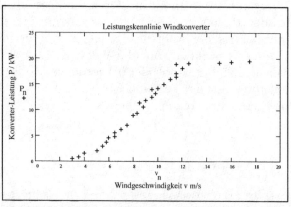

Abbildung 2: elektrische Leistung P in kW des Windkonverters als Funktion der Windgeschwindigkeit v in m/s

Ein typischer Jahresgang der Windkonverterleistung in Form von Monatsmittelwerten ist in Abb. 3 dargestellt. Wie aus der Darstellung hervorgeht, treten erwartungsgemäß die geringsten Leistungswerte in den Sommermonaten auf. Im Gegensatz zu anderen Jahren lag das Maximum der elektrischen Leistung im Jahr 1995 im Monat März, wohingegen der Dezember 1995 ungewöhnlich schwachwindig war.

Wenn die erzeugte elektrische Energie nicht im FTZ für

Versuche im Inselbetrieb genutzt wird, erfogt nach vorangehender Gleich- und anschließender netzsynchroner Wechselrichtung eine Einspeisung in das FTZ-Netz zur Minderung des Strombezugs des Zentrums bzw. bei Überschuß in das Schleswag-Netz.

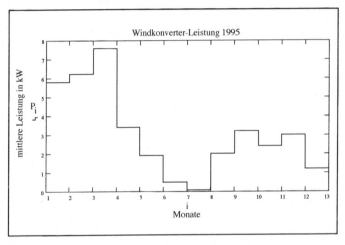

Abbildung 3: Monatsmittelwerte der Windkonverter-Leistung für das Jahr 1995

3. Photovoltaik-Wandler: Die im FTZ Büsum verwendeten Photovoltaik-Wandler (PV-Wandler) sind polykristalline Si-Wandler des damaligen Herstellers Telefunken/Wedel. Es handelt sich bei den einzelnen Modulen um Si-Elemente mit den geometrischen Abmessungen 100 cm x 40 cm mit einer Leerlaufspannung von 22 V und einem Kurzschlußstrom von etwa 2.2 A bei 1000 W/m² solarer Einstrahlung. Die MPP-Leistung (Maximal Power Point) liegt etwa bei 36 W pro Modul, entsprechend einer Leistung von 90 W/m², ebenfalls bei 10000 W/m² Einstrahlung. Die entsprechenden Kennlinien sind in Abb. 4 wiedergegeben, wobei jeweils die mittlere Kurve für eine solare Einstrahlung von 1000 W/m² gilt.

Wie aus dem unteren Teil der Abbildung abzulesen ist, durchläuft die Leistungskurve in Abhängigkeit von der Spannung ein deutlich ausgeprägtes Maximum, den sogenannten ›Maximum Power Point (MMP)‹, der für die in Büsum verwendeten älteren PV-Module bei etwa 18 V und 2 A liegt (mittlere Kurve für 1000 W/m² Einstrahlung) entsprechend einer Leistung von 36 W.

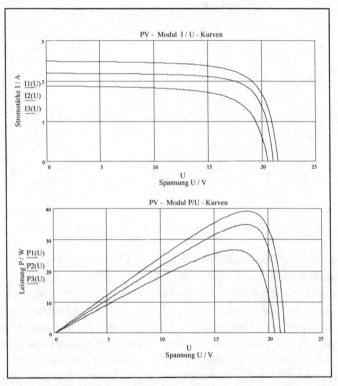

Abbildung 4: I/U - Kurven (oben) und P/U - Kurven (unten) für ein PV-Modul

4. Wasserstofferzeugung durch Elektrolyse: Ein entscheidender Gesichtspunkt bei der Nutzung regenerativer Energiequellen wie Sonne und Wind insbesondere auch unter dem Aspekt einer dezentralen Bedarfs- und Verbrauchssituation (bei einer ›Insellage‹) ist daher die Möglichkeit einer Energiespeicherung, um auf diese Weise schwankende Angebotslagen dem jeweiligen Bedarf anpassen zu können. Hier bietet sich Wasserstoff als Energiespeicher an, der durch Elektrolyse aus geeigneten wässrigen Lösungen mit der regenerativ gewonnenen elektrischen Energie erzeugt wird. Eine in Büsum bearbeitete Variante der elektrolytischen Wasserstoff-Erzeugung ist die Meerwasser-Elektrolyse. Die elektrolytische Wasserstoff-Erzeugung ist seit vielen Jahren Stand der Technik. Große Produktionsanlagen mit einer Kapazität von 30 000 Nm^3/h produzieren im Routinebetrieb, wobei in der Regel 30 %-ige Kalilauge als Elektrolyt bei erhöhter Temperatur um 80^0 C Verwendung findet.

Obwohl die spezifische elektrische Leitfähigkeit von Meerwasser deutlich unter der spezifischen Leitfähigkeit von konzentrierten, heißen KOH-Lösungen liegt und entsprechend wesentlich geringere Stromdichten vorliegen, ist die verfahrenstechnische Variante mit sog. offenen Elektrodenanordnungen in Meerwasser aus Kosten- und Umweltgesichtspunkten für Anlagen kleinerer Kapazität eine günstige Alternative.

Um das Verhalten einer derartigen Elektrolyseanlage mit Meerwasser als Elektrolyt in der Kombination mit photovoltaischer Energie-Erzeugung zu untersuchen, ist in Büsum ein sogenanntes ›Solar-Floß‹ erstellt worden, in Zusammenarbeit mit den Firmen Alu-Bau Kropp, Telefunken Systemtechnik Wedel (TST) und Ingenieurkontor Lübeck (IKL). Die technischen Daten dieser Anordnung sind in Tabelle 2 zusammengestellt, wobei für die PV-Ausstattung lediglich ein Viertel der gesamten Modulfläche aufgeführt ist (Gesamtleistung: 100 Solarmoduln zu je 50 Wp). Mit dieser Versuchsanordnung konnte gezeigt werden, daß bei geeigneter Auswahl der Elektroden (Anodenmaterial) mit sehr niedrigen Zersetzungsspannungen

Versuchsergebnisse Solarwasserstoff-Floß vom 25.7.96

PV - Module

Fläche	25 x 0.4	m²	= 10 m²
el. Leistung	25 x 50	Wp	= 1.25 kWp
Energieerzeugung	5.8 kWh in 5 Stunden		

Elektrolyse-Zellen	14 Beckenzellen

Wasserstoffproduktion	1.864 m³ H₂ in 5 Stunden
	(von 11:00 - 16:00)
Heizwert	1.864 m³ x 3 kWh/m³ = 5.59 kWh

Wirkungsgrad	0.96

Tabelle 2: Technische Daten und Versuchsergebnisse des Solarwasserstoff-Floß

in Seewasser gearbeitet werden konnte und durch entsprechende Gestaltung der elektrolytischen Last eine gute Anpassung an den Verlauf des MPP der Photovoltaikanlage bei wechselnder Einstrahlung erreicht werden konnte.

In den Abbildungen 5a und 5b sind für einen typischen Sommertag (7. August 1995) mit blauem Himmel und ziehenden Kumuluswolken am Standort Büsum für den Zeitraum 8:00 Uhr - 16:30 Uhr die Globalstrahlung G_i (in W/m²) und die elektrische Leistung der PV-Anlage P_i (in W). Der aus diesen Größen ermittelte Wandlungswirkungsgrad η ist in Abb. 6 dargestellt. Wie aus der Abb. 5a ersichtlich ist, schwankt die Globalstrahlung G_i (roter Kurvenzug) um die Mittagszeit zwischen etwa 400 W/m² bei Wolkenabdeckung der Sonne und Spitzenwerten von 1000 W/m² bei freier Sonneneinstrahlung und zusätzlicher Strahlungsreflexion bei Wolken im Umfeld der Sonne. Entsprechend schwankt die PV-Leistung Pi (blauer Kurvenzug; Nominalleistung 1,25 kWp), wie aus Abb. 5b ersichtlich, zwischen 450 W (Minimum) und 1200 - 1300 W

(Maximum). Der Wandlungswirkungsgrad liegt, wie aus Abb. 6 hervorgeht, um 0,08, mit Schwankungen zwischen 0,06 und 0,10.

Selbst bei derartigen, stark schwankenden Einstrahlungsverhältnissen zeigte sich, daß die Anpassung der Elektrolyselast an die PV-Quelle, also die Umwandlung von elektrischer Energie in Wasserstoff, optimal vorgenommen werden konnte.

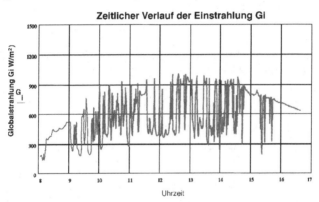

Zeitlicher Verlauf der Einstrahlung Gi

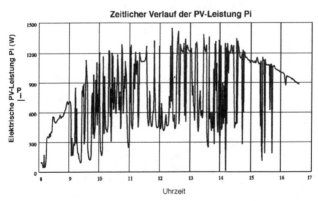

Zeitlicher Verlauf der PV-Leistung Pi

Abbildung 5:
a) Zeitlicher Verlauf der Globalstrahlung G_i am 7. 8. 1995 am Standort Büsum
b) Zeitlicher Verlauf der elektrischen Leistung P_i der PV-Anlage am 7. 8. 1995

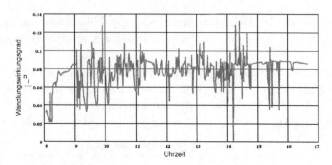

Abbildung 6:
Zeitlicher Verlauf des Wandlungswirkungsgrads η für die Umsetzung der Globalstrahlung in photovoltaisch erzeugte elektrische Energie.

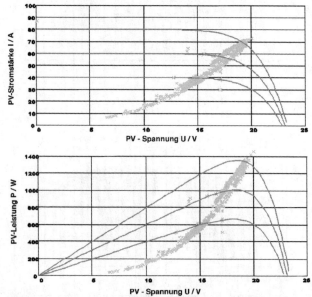

Abbildung 7:
a) Kennlinienverlauf der Elektrolyselast im Strom-/Spannungs-Diagramm der PV-Anlage
b) Kennlinienverlauf der Elektrolyselast im Leistungs-/Spannungs-Diagramm der PV-Anlage

Es wurden auf diesem Wege Wirkungsgrade für die Umwandlung der erzeugten elektrischen Energie in Wasserstoff von 90-95 % erreicht, wie auch aus den Abbildungen 7a und 7b abzulesen ist, in denen die Elektrolysemeßwerte in die I/U - Kurven (Abb. 7a) und in die Leistungskurven (Abb. 7b) der PV-Anlage eingetragen sind.

Wie insbesondere aus der Abb. 7b hervorgeht, bewegen sich die Strom-/Spannungswerte für die Wasserstoff-Elektrolyse im Bereich des jeweiligen, von der Einstrahlung abhängigen Leistungsmaximums der PV-Anlage, was bedeutet, daß in einem weiten Einstrahlungsbereich die jeweilige erzeugte elektrische Leistung optimal in Form von gasförmigem Wasserstoff gespeichert werden konnte.

Abschließend und zusammenfassend ist festzuhalten: Mit den Forschungs- und Entwicklungsarbeiten zu erneuerbaren Energien an Küstenstandorten und speziell zur Wandlung dieser Energien in Wasserstoff konnte gezeigt werden, daß für kleine Lebensgemeinschaften in „Insel-Situationen" ohne leitungsgeführte Energieversorgung mit entsprechenden Konvertern eine autarke Energieversorgung für die Bereiche elektrische Energie und Wärme bereitgestellt werden kann, wobei die Wasserstoff-Erzeugung durch Meerwasser-Elektrolyse dem jeweiligen Konverterangebot weitgehend optimal angepaßt werden kann.

Professor Dr. Peter H. Koske,
Institut für Angewandte Physik
Forschungsstelle Meerestechnik
Universität Kiel
Olshausenstraße 40
24098 Kiel

NECAR 3 – Wasserstoff-Erzeugung während der Fahrt

Auf Basis der neuen A-Klasse hat Daimler-Benz das weltweit erste Brennstoffzellen-Fahrzeug mit bordeigener Wasserstoff-Erzeugung entwickelt. Damit gelang den Fachleuten ein entscheidender Durchbruch bei der Entwicklung des extrem schadstoffarmen Antriebssystems für die Automobile der Zukunft.

Das neueste Brennstoffzellen-Fahrzeug mit der Projektbezeichnung NECAR 3 (New Electric Car) wird mit Methanol betankt und wandelt diesen flüssigen Kraftstoff nach dem Prinzip der Wasserdampf-Reformierung in Wasserstoff um. Aus dem Reformer im Heck der A-Klasse gelangt das Gas in die Brennstoffzellen, wo aus Wasserstoff und Luft elektrische Energie gewonnen wird; sie dient zum Antrieb des Fahrzeugs.

Während bisherige Brennstoffzellen-Systeme mit Wasserstofftanks oder Pufferbatterien zur Stromspeicherung arbeiten, läuft der gesamte Prozeß im NECAR 3 auf direktem Wege ab. Beim Tritt aufs Gaspedal stellt das System innerhalb von nur zwei Sekunden rund 90 Prozent der maximalen Brennstoffzellen-Leistung zur Verfügung. Damit erreicht der Brennstoffzellen-Wagen die Antriebsdynamik eines herkömmlichen Automobils mit Benzin- oder Dieselmotor.

Der Platzbedarf der NECAR-Technik wurde innerhalb von nur drei Jahren enorm verkleinert. Der Verzicht auf Wasserstofftanks und Batterien dient nicht nur der Gewichtseinsparung, er perfektioniert auch die Alltagstauglichkeit des Brennstoffzellen-Fahrzeugs. Methanol erfordert keine besonderen Sicherheitsmaßnahmen und ist ebenso leicht zu tanken wie Benzin oder Diesel. Mit einer Tankfüllung von 40 Litern hat NECAR 3 eine Reichweite von rund 400 Kilometern.

Das Antriebssystem an Bord von NECAR 3 arbeitet nahezu emissionsfrei: Bei der elektrochemischen Umwandlung von Methanol zu Wasserstoff und bei der anschließenden Stromerzeugung entstehen keinerlei Stickoxide oder Abgas-Partikel. Dank des hohen Wirkungsgrads der Brennstoffzellen liegen die Kohlendioxid-Emissionen deutlich unter den Werten eines Diesel-Personenwagens.

Die Wasserstoff-Erzeugung während der Fahrt und die Unterbringung dieses Systems in dem nur 3,57 Meter langen Mercedes-Modell ist ein wichtiger Meilenstein bei der Entwicklung der umweltverträglichen Brennstoffzellen-Technik für die Automobile der Zukunft. Das innovative Sandwich-Konzept der A-Klasse erweist sich hier erneut als vorteilhaft, weil es die platzsparende Installation der Brennstoffzellen und einiger Nebenaggregate unterhalb der Fahrgastzelle ermöglicht. Der Methanol-Reformer und dessen Kontrollsystem befinden sich im Fondabteil des ultrakompakten Mercedes-Modells.

Die Methanol-Reformierung basiert auf umfangreichen Eigenentwicklungen von Daimler-Benz, bei denen es sowohl um die Verkleinerung des Systems als auch um dessen Leistungssteigerung und die Dynamisierung des Prozeßablaufs ging. Das Ergebnis ist eine kompakte Anlage von etwa 47 Zentimeter Höhe, die im Heck der A-Klasse Platz findet und den Wasserstoff im ›Online‹-Verfahren in die Brennstoffzellen einspritzt. Die Wasserstoff-Erzeugung läuft bei einer Temperatur von etwa 280 °C ab: Methanol und Wasser verdampfen zu Wasserstoff (H), Kohlendioxid (CO_2) und Kohlenmonoxid (CO).

Nach der CO-Oxidation in einem Katalysator gelangt das gereinigte Gas an die Pluspole der Brennstoffzellen. Hier befindet sich eine spezielle Kunststoffolie, die mit einem Platin-Katalysator und einer Elektrode beschichtet ist. Durch Zuführung von Luft an den Minuspol beginnt die Umwandlung des Wasserstoffs in positiv geladene Protonen und negativ geladene Elektronen. Nur die Protonen können die Folie durchdringen, so daß sich in der Brennstoffzelle elektrische Spannung aufbaut, die zum Antrieb des Elektromotors dient.

NECAR 3 ist bereits das vierte Fahrzeug mit Brennstoffzellenantrieb, das Daimler-Benz innerhalb von nur drei Jahren auf die Räder gestellt hat. Die Entwicklung begann 1994 mit dem NECAR 1, dessen Technik in einem Kleintransporter untergebracht wurde. Dank Fortschritten bei der Verkleinerung der Systemtechnik gelang es 1996, das bordeigene Kraftwerk erstmals in einen Personenwagen, in die Mercedes-Benz V-Klasse, unterzubringen. Ein weiteres Fahrzeug wurde Anfang 1997 der Öffentlichkeit vorgestellt: Der NEBUS ist ein praxisnaher und verkehrstauglicher Stadt-Omnibus mit zehn Brennstoffzellen-Stacks und einer Gesamtleistung von 250 kW.

Während der Wasserstoff bei NECAR 1, NECAR 2 und NEBUS in großvolumigen Druckbehältern gespeichert wird, kommt das neue NECAR 3 dank der Methanol-Refomierung ohne zusätzliche Energiespeicher aus. Seine Reichweite wird durch den Inhalt des Kraftstoffbehälters bestimmt, der sich so schnell und einfach wieder auffüllen läßt wie bei einem herkömmlichen Automobil.

Bei der Entwicklung der Brennstoffzellen-Technik für mobile Anwendungen arbeitet Daimler-Benz mit dem kanadischen Unternehmen Ballard Power Systems zusammen. Beide Firmen bringen gegenwärtig insgesamt rund 580 Millionen Mark für die Entwicklung dieser zukunftsweisenden und umweltverträglichen Technologie auf. Das gemeinsame Ziel ist es, als weltweit erster Hersteller ein Serienfahrzeug mit Brennstoffzellenantrieb anzubieten.

Daimler-Benz AG, 1997

PEM-Brennstoffzellen für U-Boote und Überwasserschiffe der Marine

1. Einleitung: Bereits vor 20 Jahren wurden Brennstoffzellen der PEM-Technologie (PEFC) als die effizienteste Lösung für den außenluftunabhängigen Antrieb von konventionellen U-Booten erkannt. Hierbei spielten die besonderen Anforderungen des U-Bootbetriebes, die an einen solchen Antrieb gestellt werden, die entscheidende Rolle. PEFC waren zum damaligen Zeitpunkt nur in kleinen Leistungseinheiten in der Raumfahrt eingesetzt. Die konsequente Entwicklung eines außenluftunabhängigen Antriebes (AIP-Antrieb) für U-Boote in Deutschland hat die Anwendung von PEFC für den Schiffsbetrieb aus der Nischenanwendung herausgebracht. Obwohl die Anforderungen, die an eine PEFC-Anlage für die Anwendung auf Marineüberwasserschiffen gestellt werden, beträchtlich von den Anforderungen für U-Boote abweichen, kann für deren Realisierung auf nahezu gleiche Komponenten zurückgegriffen werden. Dabei ist ganz sicher von Vorteil, daß Überwasserschiffe im Gegensatz zu U-Booten luftatmende Brennstoffzellen verwenden können.

Nach Darstellung der Anforderungen an BZ-Antriebsanlagen für Über- und Unterwasserfahrzeuge wird deren konzeptionelle Realisierung beschrieben. Dabei hat sich die BZ-Anlage für U-Boote bereits in der Praxis bewährt. Aufbauend auf diesen Ergebnissen des praktischen Bordbetriebes sowie der PEFC-Anlage für die neuen deutschen U-Boote der Klasse 212 werden Synergieeffekte für Überwasserschiffe abgeleitet.

2. Anforderungen an BZ-Antriebsanlagen für Über- und Unterwasserschiffe: Die Aufgabe von U-Booten ist es, vorgegebene Missionen unentdeckt durchzuführen. Dieses kann nur durch leistungsfähige Antriebssysteme realisiert werden. Wesentliche Hauptanforderungen, die seitens des Antriebes und des U-Bootes erfüllt werden müssen, sind:
● große Unterwasserausdauer und
● geringe Detektierbarkeit (Akustik/Sonar, Wärme/Infrarot).

Darüberhinaus werden bisweilen hohe Unterwassergeschwindigkeiten gefordert. Durch die Entwicklung außenluftunabhängiger Antriebe und deren Integration an Bord kann nun der Unterwasserfahrbereich eines U-Bootes beträchtlich vergrößert werden.

Konventionelle, d.h. nicht nuklear angetriebene, U-Boote operieren wegen der begrenzten Möglichkeiten, ausreichend Energie zu speichern, überwiegend bei kleinen Leistungen im Bereich von 3 - 5% der installierten Nennleistung. Dabei wird die Auslegungsleistung der Antriebsanlage durch die geforderte maximale Unterwassergeschwindigkeit bestimmt. Die zu speichernde Energiemenge sowie die zum Betrieb der Anlage notwendige Sauerstoffmenge werden durch den geforderten Unterwasserfahrbereich festgelegt. Wegen der niedrigen Dauerleistung einerseits und der kurzzeitig geforderten Höchstleistung andererseits kann es vorteilhaft sein, für beide Betriebszustände unterschiedliche, in der Leistung angepaßte und hinsichtlich des Wirkungsgrades optimierte Antriebsanlagen zu installieren. In diesem Fall spricht man von Hybridanlagen.

Für Marineüberwasserschiffe haben sich die bisher eingesetzten kombinierten Antriebe mit Dieselmotoren und Gasturbinen bewährt. Dampfturbinen werden nur noch im Ausnahmefall eingesetzt. In jüngster Zeit ist jedoch bei einer Reihe von Marinen das "all electric ship" in die Diskussion gekommen. Hierbei spielen unter anderem folgende Kriterien eine Rolle:

- Detektierbarkeit: · akustisch leise
  (stealth) · geringe thermische Signatur
- Umwelt: · Reduzierung der Verschmutzung um 95-99% (Vermeidung von Stickoxiden (NO_x), Kohlenmonoxid (CO_2), Kohlen wasserstoffen (HC))

● Wirkungsgrad: · Vergrößerung der Reichweite und
                     der Mission
                     · Verringerung der Brennstoffkosten

Diese Kriterien können vorteilhafterweise durch Brennstoffzellen erfüllt werden.

Als Leistungsbereich werden zunächst Anlagen der Größenordnung 1,5 - 2,5 MW für den Erprobungsbetrieb ins Auge gefaßt. Realistische Schiffsantriebsanlagen liegen im Leistungsbereich um ca. 8 MW (6 MW Propulsion, 2 MW Bordnetzbedarf). Die zum Erreichen der Maximalgeschwindigkeit notwendige Höchstleistung wird dann durch Gasturbinen bereitgestellt. Gegenüber U-Bootanlagen ist von Vorteil, daß die BZ-Module in luftatmender Ausführung eingesetzt werden können. Zur Wasserstoffversorgung werden Reformeranlagen eingeplant, mit deren Hilfe der Wasserstoff an Bord aus einem "logistic fuel" (Dieselkraftstoff, Kerosin) erzeugt wird. Weitere Überlegungen gehen davon aus, daß in ferner Zukunft auch Hochtemperaturbrennstoffzellen, z.B. SOFC, eingesetzt werden können.

3. Realisierungskonzepte: Die über 100 konventionellen U-Boote, die während der vergangenen 40 Jahre auf den beiden deutschen U-Bootswerften HDW in Kiel und TNSW in Emden gebaut wurden, verfügen über einen konventionellen dieselelektrischen Antrieb. Der für die Unterwasserfahrt notwendige elektrische Energiebedarf für die Propulsion wie auch für das Bordnetz wird in einer Bleibatterie gespeichert. Der kontinuierliche Unterwasserfahrbereich dieser U-Boote, d.h. die Unterwasserfahrstrecke ohne Schnorchelbetrieb, wird allein durch die Kapazität der Bleibatterie begrenzt. Entladene Batterien werden im Schnorchelbetrieb mit Hilfe von Dieselgeneratoren geladen. Während dieser Zeit sind die U-Boote einer größeren Gefahr der Entdeckbarkeit ausgesetzt. Durch die

Entwicklung außenluftunabhängiger Antriebe und deren Integration an Bord kann die Unterwasserausdauer eines U-Bootes beträchtlich erhöht werden. In den vergangenen 25 Jahren wurde in Deutschland auf dem Gebiet der Verbrennungskraftmaschinen neben dem Stirlingmotor und der Kreislaufgasturbine insbesondere der Kreislaufdieselmotor entwickelt. Durch ganz besondere Vorteile hat sich jedoch die Brennstoffzelle, insbesondere die PEFC, ausgezeichnet:

● Günstiges Signaturverhalten
  · geräuscharm
  · geringe Abwärmeverluste
● Modularer Aufbau des gesamten Antriebssystems
● Extrem hoher Wirkungsgrad (h_{max} > 70%) besonders im Teillastbereich
● Umweltfreundliche Reaktionsprodukte
● Geringe Wartungsanforderungen

  Wegen des elektrochemischen Umwandlungsprozesses arbeiten Brennstoffzellen unabhängig vom Carnotfaktor, der den thermischen Wirkungsgrad von Verbrennungskraftmaschinen im Verhältnis der minimalen und maximalen Prozeßtemperatur begrenzt. Im Wasserstoff - Sauerstoff - Betrieb beträgt der Wirkungsgrad einer PEFC etwa 60% bei Nennleistung. Seinen Bestpunkt erreicht der Wirkungsgrad mit 70% unter Teillastbedingungen bei ca. 20% Last. Wird eine BZ-Anlage unter Berücksichtigung dieses Verhaltens ausgelegt, so ist die Brennstoffzelle allen anderen Verbrennungskraftmaschinen hinsichtlich Brennstoffverbrauch und Sauerstoffbedarf weit überlegen. Für den Einsatz auf U-Booten eignen sich besonders die Niedertemperaturbrennstoffzellen der PEM-Technologie. Dazu werden die einzelnen Brennstoffzellen zu BZ-Blöcken und diese wiederum zu BZ-Modulen zusammengeschaltet. Auf diese Weise ist für den Aufbau von BZ-Antriebsanlagen ein hohes Maß an Flexibilität gegeben.
  Auf der Basis dieser Erkenntnis hat das deutsche Verteidi-

gungsministerium Ende der 70er Jahre die Entwicklung eines speziellen PEFC-Moduls für U-Boote bei der Firma Siemens in Auftrag gegeben. Diese Module im Leistungsbereich 30 - 50 kW stehen heute für U-Bootanwendungen als Serienkomponente zur Verfügung.

4. Stand der Technik: Die Basis für die Brennstoffzellen-U-Bootantriebe wurde in den 70er Jahren gelegt, als PEFC für den Antrieb des deutschen U-Bootprojektes Klasse 208 ausgewählt und festgelegt wurden. Aus Gründen der Nichtverfügbarkeit der PEFC-Module wurde das Vorhaben im Jahre 1979 beendet. In den dann folgenden Jahren 1980 - 1988 wurde die funktionelle Eignung einer Brennstoffzellenanlage als U-Bootantrieb zunächst in einer Landtestanlage, danach in der praktischen See-Erprobung an Bord eines U-Bootes der Klasse 205 der deutschen Marine festgestellt. Anfang der 90er Jahre wurde die Entwicklung der Wasserstoff- und Sauerstofflagerung für U-Boote zur Serienreife gebracht. Damit stehen heute alle Komponenten für außenluftunabhängige PEFC-Anlagen zur Verfügung.

4.1 Wasserstoff - Sauerstoff - PEFC (Typ Siemens): Wie bereits oben erwähnt, hat die Firma Siemens während der letzten 10 Jahre im Auftrag des deutschen Verteidigungsministeriums ein 34 kW PEFC-Modul für den Einsatz auf U-Booten entwickelt. Diese PEFC arbeitet auf der Basis von Wasserstoff und Sauerstoff, s. Abbildung 1. Die Module bilden das Herz des

Abb. 1:
30-50 kW PEM-BZ
Siemens

89

außenluftunabhängigen Antriebs der neuen deutschen U-Boote des Typs 212. Für den Einsatz an Bord der U-Boote werden die Module aus Sicherheitsgründen mit einem druckfesten Container geschützt. Das freie Volumen des Containers wird mit einem inerten Gas gefüllt und auf Gasleckagen überwacht.

4.2 Wasserstoff - Luft - PEFC (Typ Ballard): Ausgehend von dem günstigen Umweltpotential (geringe Schadstoffemissionen) entwickelt die Fa. Ballard, Kanada, z.Zt. PEFC mit dem Ziel einer breiten Marktfähigkeit. Diese PEFC sind im Wasserstoff - Luft - Betrieb für den Einsatz in stationären Energieerzeugungsanlagen und im Transportbereich (z.B. Busse, Automobile) vorgesehen. Diese Brennstoffzellen können nicht mit reinem Sauerstoff, aber durch Modifikation, indem die zum Betrieb notwendige Luft durch ein Stickstoff - Sauerstoff - Kreislaufgasgemisch ersetzt wird, auch für die Energieerzeugung auf U-Booten eingesetzt werden. 1996/1997 wurden auf der Werft HDW Kiel 2 x 80kW PEFC in einer Landtestanlage hinsichtlich ihrer Verwendung für den U-Boot-Einsatz modifiziert und ertüchtigt.

4.3 Lagerung der Reaktanten: Für die Speicherung des Wasserstoffs an Bord sind spezielle Speicher notwendig, egal ob der Wasserstoff gasförmig, flüssig oder in einem Metallhydrid gebunden gespeichert wird. Wasserstoff wird an Bord von U-Booten vorteilhafterweise in Metallhydridspeichern außerhalb des Druckkörpers gelagert. Besonders geeignet sind Niedertemperaturmetallhydride mit einer reversiblen Speicherfähigkeit von bis zu 2 Gewichtsprozenten. Die H_2-Speicher können in ihrer Zahl und in ihren Abmessungen dem U-Bootsentwurf und dem Missionsprofil des U-Bootes angepaßt werden. Im Gegensatz zur Anwendung in Straßenfahrzeugen spielt das Gewicht der Speicher allein keine ausschlaggebende Rolle, weil das U-Boot nur dann einsatzfähig ist, wenn Gewichts- und Auftriebskräfte im Gleichgewicht stehen. Das Metallhydrid wird in Vakuumöfen geschmolzen, in Aluminium-

kassetten transportiert und montiert sowie mit einem Stahl-
mantel umgeben. Der Wasserstoff wird über ein zentrales Fil-
terrohr zugeführt oder entnommen. Bei der ersten
H_2-Beladung, dem Aktivierungsprozeß, zerfällt der Metallguß-
block zu einem feinen Pulver. Während der Wasserstoffauf-
nahme wird die Reaktionsenergie freigesetzt. Diese muß bei
der Dehydrierung wieder zugeführt werden. Hierzu wird im
Bordbetrieb die Kühlwasserabwärme der Brennstoffzellenanlage genutzt. Dadurch kann der Anlagenwirkungsgrad gestei-
gert und die Abgabe der Überschußwärme an das Seewasser
reduziert werden. Auf diese Weise können große Wasserstoff-
mengen bei niedrigen bis mittleren Drücken und unter Umgebungstemperatur in einem kleinen Volumen absolut sicher gespeichert werden. Der Prozeß der Wasserstoffaufnah-
me und der Wasserstoffentnahme ist umkehrbar. Die Zyklen-

Abb. 2: Wasserstofflagerung in Metallhydridspeichern

stabilität wurde im Labor für viele tausend Zyklen nachgewiesen, wenn Wasserstoff großer Reinheit eingesetzt wird. Die Metallhydridspeicher sind absolut wartungsfrei und können deshalb ohne Schwierigkeit in der äußeren Hülle des U-Bootes untergebracht werden, s. Abbildung 2. Wasserstoffspeicher dieser Größe wurden bei HDW weltweit zum ersten Mal gebaut und zur Serienreife gebracht, wobei die Speicher einer ausgedehnten Testphase mit Musterprüfung unterzogen wurden. Die Ergebnisse lagen voll auf der Linie der Erwartungen.

Die Form der Wasserstoffspeicherung kann für U-Boote, jedoch insbesondere für Überwasserschiffe verbessert werden, wenn der Wasserstoff aus einem flüssigen Kohlenwasserstoff an Bord generiert wird. Je nach Kohlenwasserstoff liegt die volumenbezogene Energiedichte um den Faktor 4-8 mal höher als die des reinen Wasserstoffs. Die Erzeugung des Wasserstoffs an Bord eines Überwasserschiffes wird mit Hilfe eines Reformierungsprozesses (Dampfreformierung oder partielle Oxidation) vorgenommen. Auf U-Booten, auf denen der für den Reformierungsprozeß notwendige Sauerstoff an Stelle von Luft mitgeführt werden muß, scheidet die partielle Oxidation wegen des höheren Sauerstoffbedarfs aus. Ausgangskraftstoff für die Wasserstofferzeugung an Bord ist vorteilhafterweise Methanol, das bereits bei Temperaturen unter 300°C reformiert werden kann. Auf Überwasserschiffen wird man einem ›logistic fuel‹, z.B. Dieselkraftstoff oder Kerosin, den Vorzug geben. Der Reformierungsprozeß findet dann jedoch bei Temperaturen um 900°C statt. Außerdem wird die Anlage wegen des Schwefelgehaltes im Brennstoff komplizierter.

Eine Dampfreformierungsanlage für U-Boote besteht aus:

● Methanolspeicher
● Sauerstoffspeicher
● Dampfreformer
● Gasreinigungsstufe
● CO_2-Behandlung

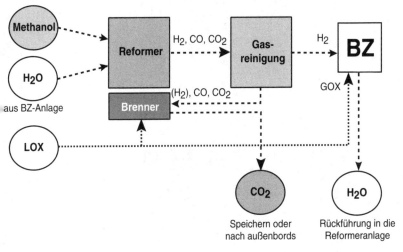

Reformeranlage zur Erzeugung von Wasserstoff

Abb. 3: Wasserstofferzeugung aus Methanol (Prinzipschema)

Abbildung 3 zeigt das Blockdiagramm einer Reformeranlage. Das beim Reformieren entstehende CO_2 muß auf U-Booten gespeichert oder in geeigneter Weise, signaturfrei und möglichst ohne zusätzlichen Energiebedarf, von Bord gegeben werden. Die für die Generierung von Wasserstoff an Bord von U-Booten notwendige Reformeranlage befindet sich z.Zt. in der Entwicklung.

Sauerstoff wird an Bord der U-Boote in flüssiger Form außerhalb oder innerhalb des Druckkörpers gespeichert. Abbildung 4 zeigt einen Flüssigsauerstofftank während der Testphase unter U-Bootbedingungen. Sicherheitstechnisch ist die Innenlagerung der Außenlagerung gleichwertig, jedoch sind für die Innenlagerung umfangreichere Maßnahmen zum Erreichen der gleichen Betriebssicherheit erforderlich. Die Tanks werden doppelwandig und vakuumisoliert ausgeführt. Die Tankarmaturen, Sicherheits- und Überwachungseinrichtun-

Abb. 4: Flüssigsauerstofftank

gen sowie der Produktverdampfer sind in einem druckfesten, wasserdichten Armaturenschrank untergebracht. Die Armaturen und der Verdampfer sind aus Gründen der Schocksicherheit auf einem elastisch gelagerten Rahmen installiert. Zum Nachweis der ausreichenden Festigkeit des Tanks sowie der Isolierung wurde der Tank extremen Belastungen durch Ansprengen unterzogen. Die Sauerstoffversorgung für die Besatzung des getauchten U-Bootes wird ebenfalls aus dem Sauerstoffvorrat für die BZ-Anlage genommen.

5. Erfahrungen:

5.1 Landtestanlage / U-Boot U1: Ein wichtiger Schritt auf dem Wege der BZ-Entwicklung für U-Boote war 1980 die Entscheidung des Firmenkonsortiums HDW/IKL/FS, eine 100 kW BZ-Anlage zu entwerfen, aufzubauen und unter U-Bootsbedingungen funktionell zu erproben. Die Anlage bestand aus 16 x 6,2 kW Modulen der damals bei der Firma Siemens zur Verfügung stehenden alkalischen BZ-Technik (AFC). Jeweils 4 Module wurden elektrisch in Reihe geschaltet, um der Batterie-spannung des Bord- und Fahrnetzes zu entsprechen. Jeweils 4 BZ-Teilbatterien wurden elektrisch parallel geschaltet. Ob-wohl AFC-Module an Stelle von PEFC vorgesehen werden mußten, konnten alle funktionellen wie auch sicherheitstech-nisch relevanten Randbedingungen des U-Bootbetriebes be-rücksichtigt werden. Nach erfolgreichem Abschluß der Test-phase in einer Landtestanlage in den Jahren 1983 - 1985 wur-de die Anlage 1986/87 in U1, ein U-Boot der Klasse 205 der deutschen Marine, integriert und 1988/89 einer umfangrei-chen See-Erprobung unterzogen. Zum Einbau der BZ-Anlage wurde der Druckkörper des U-Bootes geschnitten und um eine Sektion von ca. 3,7 m verlängert. Das Schneiden von U-Boo-ten zur Durchführung umfangreicher Instandsetzungsarbei-ten ist Stand der Technik. Auf diese Weise können nicht nur neue U-Boote, sondern insbesondere auch bereits im Dienst befindliche U-Boote im Rahmen einer technischen Moderni-sierung mit einer PEFC-Anlage ausgerüstet werden.

5.2 PEFC-Anlage U 212: Mit der Entscheidung, die U-Boote der Klasse 212 mit einer BZ-Anlage auszurüsten, wurde welt-weit ein Signal für eine neue U-Boot-Generation gesetzt. Diese U-Boote beinhalten zum einen hinsichtlich der gesamten Technik einen Technologiesprung, zum anderen wird zum er-sten Mal ein AIP-Antrieb auf BZ-Basis in ein modernes kon-ventionelles U-Boot integriert, s. Abbildung 5. Die AIP-Anlage besteht aus Siemens PEFC-Modulen für die geräuscharme Schleichfahrt. Mit einer BZ-Leistung von ca. 300 kW fährt das U-Boot bis zu ca. 8 kn nur mit der BZ-Anlage. Bei höheren Geschwindigkeiten wird die hochleistungsoptimierte Bleibat-terie zugeschaltet. Als Propellermotor wird eine permanent-magnet-erregte Maschine vorgesehen, die eine niedrige Pro-pellerdrehzahl ermöglicht. Die zum Betrieb der BZ-Anlage notwendigen Versorgungsgase Wasserstoff und Sauerstoff sind in der zweiten Hülle des U-Bootes im Außenschiff unterge-

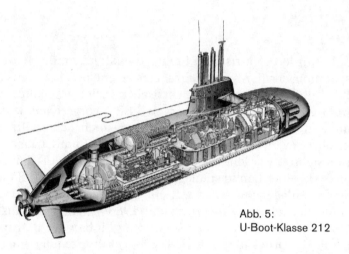

Abb. 5:
U-Boot-Klasse 212

bracht. Dabei wird der Wasserstoff in Metallhydrid, der Sauerstoff in flüssiger Form in isolierten Tanks gelagert. Die U-Boote der Klasse 212 befinden sich zur Zeit in der Konstruktion. Sie werden ab 2003 in den Dienst der Marine gestellt. Für die vier U-Boote der deutschen Marine hat bereits die Bauphase begonnen. Zwei identische U-Boote für die italienische Marine werden nach deutschen Plänen in Italien gebaut.

6. Zukunftsaussichten: Als Weiterentwicklung der Module für die U-Boote Klasse 212 ist eine PEFC von 120 kW bei nahezu gleichem Bauvolumen und gleichem Gewicht bei der Firma Siemens in der Entwicklung. Die Serienfertigung für dieses Modul wird etwa im Jahre 2000 aufgenommen. Die Leistungsdichte dieses Moduls liegt bei 280 kW/m^3, das Leistungsgewicht bei 0,3 kW/kg. Ausgehend von dieser Technologie arbeitet Siemens z.Zt. an einem Wasserstoff - Luft - BZ - Modul im Leistungsbereich von 30-45 kW, das ebenfalls ab etwa 2000 für den Einsatz auf Überwasserschiffen zur Verfügung steht. Der für den Betrieb des Moduls notwendige Wasserstoff kann an Bord gespeichert werden oder vorteilhafterweise an Bord mit Hilfe eines Reformers aus einem Kohlenwasserstoff, z.B. Dieselkraftstoff oder Kerosin, erzeugt werden.

Auf der Basis der Erfahrungen mit PEFC für außenluftunabhängige U-Bootsantriebe können Brennstoffzellen für Propulsionszwecke und/oder zur Erzeugung elektrischer Energie auf Überwasserschiffen der Marine, aber auch unter besonderen Randbedingungen auf Handelsschiffen eingesetzt werden. Hier macht sich die Brennstoffzelle in der Zukunft insbesondere wegen ihres günstigen Umweltpotentials bezahlt.

Ein weiteres Entwicklungspotential bei den Brennstoffzellen der Niedertemperaturtechnologie liegt in den Direkt-Methanol-Brennstoffzellen (DMFC). Diese Brennstoffzellen, heute noch im Laborstadium, sind in der Lage, den zum Betrieb notwendigen Wasserstoff direkt aus Methanol, d.h. ohne externen Reformer zu gewinnen.

7. Schlußbetrachtung: Mit der 1980 von HDW/IKL/FS getroffenen Entscheidung, einen Brennstoffzellenantrieb für U-Boote zu entwickeln, wurde nicht nur eine Weiche in Richtung AIP, sondern auch in Richtung Wasserstofftechnik allgemein gestellt. In den 70er Jahren wurde die Tür für den Brennstoffzellenantrieb geöffnet. Die 80er Jahre brachten den Nachweis der funktionellen Realisierbarkeit. In den 90er Jahren wird das positive Entwicklungsergebnis in ein serienmäßiges U-Boot der Klasse 212 umgesetzt. Mit der Entscheidung, bei zukünftigen U-Booten den Wasserstoff mit Hilfe einer Reformeranlage an Bord erzeugen zu wollen, stehen wir bereits heute an der Schwelle für eine neue BZ-Anlagengeneration. Der notwendige Entwicklungsschritt hierfür ist eingeleitet.

Dipl.-Ing. Gunter Sattler
Ingenieurkontor Lübeck/HDW Kiel
Niels-Bohr-Ring 5
23568 Lübeck

Stationäre Brennstoffzellen

Die Erfindung der Brennstoffzelle liegt über 150 Jahre zurück und spielte, abgesehen von wenigen Spezialanwendungen, bis vor einigen Jahren bei der Energiebereitstellung keine Rolle. Daß diese Technologie seit den 80er Jahren unseres Jahrhunderts wieder ins Zentrum des Interesses gerückt ist, hat zwei Gründe: Zum einen ist die Sensibilisierung für mögliche Veränderungen des globalen Klimasystems durch anthropogene Einwirkungen von der wissenschaftlichen Ebene auf die gesellschaftlichen, politischen und wirtschaftlichen Bereiche übergegangen. Zum anderen ist auch das Bewußtsein dafür gewachsen, daß die fossilen Energieträger nur noch für einen endlichen Zeitraum zur Verfügung stehen und spätestens ab Mitte des nächsten Jahrhunderts neue, langfristige Wege für die Energieversorgung der Menschheit gefunden werden müssen.

Warum kann die Brennstoffzelle hier eine Lösung bieten? Als Folge der erwähnten Problematik ist es erforderlich, die Emissionen gasförmiger Schadstoffe zu verringern und gleichzeitig mit den vorhandenen Energieressourcen sparsamer umzugehen. Ideal wäre also ein Energiewandler, der möglichst geringe Mengen an fossilen Energieträgern – oder besser noch: regenerativ gewonnene und als Wasserstoff gespeicherte Sonnenenergie – mit möglichst hoher Effizienz und geringsten Schadstoffemissionen in Strom und Wärme umwandelt. Diese Kriterien erfüllt die Brennstoffzelle. Im Gegensatz zu herkömmlichen Kraftwerken, in denen chemische Energie durch Verbrennung in Wärme umgewandelt und dann über eine Turbine mit angeschlossenem Generator erst mechanische und schließlich elektrische Energie erzeugt wird, erfolgt die Umwandlung von chemischer Energie in Strom und Wärme bei der Brennstoffzelle direkt auf elektrochemischem Wege. Dadurch sind elektrische Wirkungsgrade von über 60 Prozent möglich. Konventionelle thermische Systeme, die dem Carnotschen Prozeß unterliegen [1], erreichen im Bereich von

Kraftwerksleistungen bis 100 MW keine Wirkungsgrade über 50 Prozent [2].

Der Schadstoffausstoß von Brennstoffzellen, die direkt mit Wasserstoff betrieben werden, ist um Größenordnungen geringer als bei herkömmlichen Technologien und damit zu vernachlässigen. Dienen Erdgas oder Methanol als Brennstoffe – sie werden zu Wasserstoff reformiert –, treten zwar CO_2-Emissionen auf; sie liegen aber um 10-20 Prozent unter denen konventioneller Anlagen [3]. In jedem Fall treten bei der Verwendung von Brennstoffzellen zur Energieversorgung, sei es nun unter Einsatz von Wasserstoff, Erdgas oder Methanol als Brennstoff, am Ort der Umwandlung nur geringste Mengen an Schadstoffen auf, die weit unter den durch die TA-Luft (Technische Anleitung zur Reinhaltung der Luft) festgelegten Grenzwerten liegen [2]. Deshalb hat auch die dezentrale Energieversorgung mittels Kraft-Wärme-Kopplung auf der Basis von Brennstoffzellen in den letzten Jahren an Bedeutung zugenommen.

Ein starkes Zugpferd für die Weiterentwicklung von Brennstoffzellen, die als Schlüsseltechnologie für den Übergang zu einer möglichen Wasserstoffwirtschaft gesehen werden [4], ist vor allem die Automobilindustrie. Dort wird vor dem Hintergrund der kalifornischen Gesetzgebung, die den Herstellern ab 2003 einen Anteil von 10 Prozent sogenannter Zero-Emission-Vehicles (Null-Emissions-Fahrzeuge) am gesamten Neuwagenumsatz vorschreibt, intensiv mit dem Ziel einer Kommerzialisierung von Brennstoffzellen-Fahrzeugen geforscht. Mit welcher Geschwindigkeit dies geschieht, wurde nicht zuletzt dadurch deutlich, daß Daimler-Benz auf der Internationalen Automobilausstellung (IAA) 1997 – wesentlich früher als zunächst erwartet – sein mit Methanol betriebenes Brennstoffzellen-Fahrzeug NECAR 3 auf Basis des A-Klasse Modells vorstellte [5]. Das politische Interesse an einer verstärkten Brennstoffzellen-Entwicklung wird in den letzten Jahren durch zahlreiche staatliche und überstaatliche Hilfsprogramme, wie z. B. JOULE, BRITE-EURAM und THERMIE im Rahmen der EU [6], unterstrichen, die nach dem Prinzip der Subsidiarität diese Technologie fördern.

Funktionsprinzip der Brennstoffzelle und technisch realisierte Konzepte

Chemische und thermodynamische Grundlagen: Beim elektrochemischen Prozeß der Elektrolyse werden zwei über eine Spannungsquelle verbundene Elektroden in eine leitende Lösung oder Schmelze, den sog. Elektrolyten, getaucht. Bei Stromfluß entstehen an den Elektroden unterschiedliche Gase. In der Brennstoffzelle ist das umgekehrte Prinzip der Elektrolyse realisiert, indem hier verschiedene Gase an die Elektroden (Anode und Kathode) herangeführt werden, wodurch eine chemische Reaktion abläuft, bei der eine elektrische Spannung zwischen den Elektroden entsteht. Die Brennstoffzelle ist also eine elektrochemische Spannungsquelle ähnlich einer herkömmlichen Batterie. Führt man Wasserstoff an die Anode der Zelle und Sauerstoff an ihre Kathode (vgl. Abbildung 1), findet eine Reaktion der beiden Gase mit Wasser als Reaktionsprodukt statt. Dies geschieht allerdings nicht in

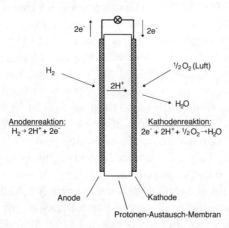

Abb. 1:
Funktionsweise einer Brennstoffzelle (PEMFC)

ungeordneter Form wie bei der Knallgasreaktion, wo die gesamte Energie als Wärme frei wird, sondern getrennt als Reduktion des Sauerstoffs an der Kathode und als Oxidation des Wasserstoffs an der Anode, was als kalte Verbrennung bezeichnet wird. Die Elektroden sind dabei mit Materialien beschichtet, die als Katalysatoren die Aktivierungsschwelle der Reaktion herabsetzen.

Im Falle eines sauren Elektrolyten (wie in Abbildung 1) werden an der Anode H^+-Ionen gebildet, die sich aufgrund des gegenüber der Kathode entstehenden Konzentrationsgefälles durch den Elektrolyten zur Kathode bewegen. Der Überschuß an positiven Ladungen an der Kathode und negativen Ladungen an der Anode erzeugt eine Potentialdifferenz zwischen den Elektroden, die dem Diffusionsprozeß der H^+-Ionen entgegenwirkt, so daß sich nach kurzer Zeit ein Gleichgewichtszustand einstellt. Im Falle eines alkalischen Elektrolyten laufen prinzipiell die gleichen Prozesse ab, wobei jedoch die OH^--Ionen die Ladungsträger bilden.

Die bei der Reaktion des Wasserstoffs an die Anode abgegebenen Elektronen können, falls die Elektroden leitend verbunden werden, über diesen äußeren Stromkreis zur Kathode fließen und dabei elektrische Arbeit leisten.

Brennstoffzellen-Typen: Die existierenden Brennstoffzellen-Konzepte werden aufgrund der Art des Elektrolyten unterschieden in:

- AFC: Alkaline Fuel Cell (Alkalische Brennstoffzelle)
- PAFC: Phosphoric Acid Fuel Cell (Phosphorsaure Brennstoffzelle)
- PEMFC: Proton Exchange Membrane Fuel Cell bzw. Polymer Electrolyte Membrane Fuel Cell (Polymermembran-Brennstoffzelle)
- DMFC: Direct Methanol Fuel Cell (Direkt-Methanol-Brennstoffzelle)

- MCFC: Molton Carbonate Fuel Cell (Schmelzkarbonat-Brennstoffzelle)
- SOFC: Solid Oxide Fuel Cell (Feststoffoxid-Brennstoffzelle)

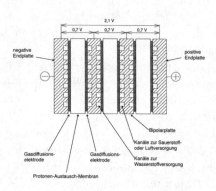

Abb. 2: Aufbau eines PEMFC-Stacks

In Abbildung 2 ist der prinzipielle technische Aufbau einer Brennstoffzelle am Beispiel der PEMFC dargestellt. Der Elektrolyt besteht im Gegensatz zu anderen Brennstoffzellen-Konzepten aus einer ca. 0.1 mm dicken protonenleitenden Kunststoffmembran. Auf beiden Seiten der Folie sind Gasdiffusionselektroden aufgebracht, die aus einem Kohlegewebe mit Edelmetallkatalysator bestehen, an deren Grenzflächen zum Elektrolyten die elektrochemischen Reaktionen stattfinden. Zur Abtrennung der einzelnen Zellen werden sog. Bipolarplatten verwendet, die neben der elektrischen Kontaktierung der einzelnen Zellen miteinander auch die Funktionen der Gaszuführung, Wärmeabführung und Abdichtung der einzelnen Kammern übernehmen. Wahlweise können bis zu über 100 einzelner Zellen zu einem Stapel (engl.: Stack) zusammengefaßt werden. Dabei sind die einzelnen Zelleinheiten zwischen zwei Endplatten eingepreßt, die über Gas- und Kühlwasseran-

Tabelle 1: Brennstoffzellen-Typen im Vergleich

Brennstoff-zellen-Typ	Elektrolyt	Brennstoff/ Oxidations-mittel	Betriebs-temperatur	elektr. Wir-kungsgrad	realisierte Maximal-leistung
AFC (Alkalische BZ)	Kalilauge (KOH)	H_2/O_2	60-90 °C	60-70 %	100 kW (Siemens, D)
PAFC (Phosphor-saure BZ)	Phosphor-säure (H_3PO_4)	H_2, Erdgas, Biogas/O_2, Luft	160-220 °C	35-45 %	11 MW (IFC/Toshiba, USA/J) 200 kW (ONSI, USA)
PEMFC (Polymermem-bran-BZ)	Polymer-membran	H_2/O_2, Luft	50-90 °C	50-60 %	250 kW (Ballard, CDN)
DMFC (Direkt-Methanol-BZ)	Polymer-membran	CH_3OH/Luft, O_2	60-150 °C	20-30 %	100 W (Siemens, D)
MCFC (Schmelzkar-bonat-BZ)	geschmolze-nes Kalium-/ Lithiumkar-bonat (K_2CO_3/ Li_2CO_3)	H_2, Erdgas, Biogas/O_2, Luft	600-650 °C	45-60 %	2 MW (ERC, USA) 280 kW (MTU, D)
SOFC (Feststoff-oxid-BZ)	Zirkondioxid-Keramik (ZrO_2)	H_2, Erdgas, Biogas/O_2, Luft	800-1000 °C	50-65 %	100 kW (Westing-house, USA)

schlüsse sowie einen elektrischen Abgriff verfügen. Mehrere solcher Brennstoffzellen-Stapel lassen sich zu größeren Modulen zusammenschalten, womit sich Leistungseinheiten von über 100 kW realisieren lassen [7]. Eine Übersicht aller Brennstoffzellen-Typen mit ihren charakteristischen Eigenschaften zeigt Tabelle 1.

Brennstoffzellen für stationäre Anwendungen

Systeme und ihre Einsatzmöglichkeiten: Ein komplettes Brennstoffzellen-System zur Strom- und Wärmeerzeugung besteht nicht nur aus den zu einem Stack zusammengesetzten Brennstoffzellen, sondern zusätzlich aus einer Reihe weiterer Komponenten [2]. Dieses sind:

- Systeme zur Gasaufbereitung: Liegt der zum Betrieb der Zelle erforderliche Brennstoff nicht in ausreichender Qualität vor, muß er einer Vorbehandlung unterzogen werden. Diese kann neben einer Reformierung und CO-Reinigung auch eine Entschwefelung sowie eine Entfernung überflüssigen Sauerstoffs umfassen;
- Wärmetauscher: Sie dienen der Auskopplung der bei der Zellreaktion erzeugten Wärme zur externen Nutzung;
- weitere stromerzeugende Komponenten: Je nach Leistung kann es sich dabei um Entspannungsturbinen, Gasturbinen oder kombinierte Gas- und Dampfturbinen handeln;
- für das Gas- und Wärmemanagement erforderliche Rohrleitungen, Pumpen und Verdichter;
- Wechselrichter und Transformator, durch die die am Brennstoffzellen-Stack anliegende Gleichspannung in eine Wechselspannung konvertiert und transformiert wird;
- elektrische Verbindungen zu den unterschiedlichen Systemaggregaten sowie Steuer- und Regelungstechnik.

Durch diese Aufzählung möglicher Komponenten von Brennstoffzellen-Kraftwerken wird deutlich, daß es sich dabei um komplexe Anlagen handeln kann, insbesondere im Falle hoher Leistungen. Die Auslegung der elektrischen Leistung eines Brennstoffzellen-Systems und der gewählte Brennstoffzellen-Typ leiten sich aus der Art der Anwendung ab. Hier sind neben Kleinanwendungen im wesentlichen drei Möglichkeiten zu unterscheiden.

Zunächst wird aufgrund der zunehmenden Forderung nach

emissionsfreien Fahrzeugen die Brennstoffzelle Einzug im Automobilbereich halten. Für diese mobile Anwendung im Bereich einiger 10 kW eignet sich vor allem die PEMFC, da sie sich neben geringem Leistungsgewicht und gutem Dynamikverhalten bereits bei Umgebungstemperatur starten läßt und nicht erst über längere Zeit auf Betriebstemperatur hochgefahren werden muß. Während der Übergangszeit, d. h. bis ein Netz von Wasserstofftankstellen aufgebaut ist, eignet sich die im Wirkungsgrad niedriger liegende, mit Methanol betriebene DMFC zum Einbau in Kraftfahrzeuge.

Für die hier behandelten stationären Anwendungen kommt ein Einsatz von Brennstoffzellen in Blockheizkraftwerken (BHKW) und bei der dezentralen Stromversorgung in Betracht.

In konventionellen BHKW, die durch Kraft-Wärme-Kopplung elektrischen Strom und Heizwärme zur Verfügung stellen, werden Verbrennungsmotoren und Gasturbinen verwendet. Brennstoffzellen bieten diesen Technologien gegenüber entscheidende Vorteile durch höhere Wirkungsgrade, wesentlich geringere Schadstoff- und Geräuschemissionen sowie die Möglichkeit eines modularen Aufbaus. Insbesondere der Vorteil einer geringeren Umweltbelastung durch die Verwendung von Brennstoffzellen – die ausgestoßenen Schadstoffmengen liegen um den Faktor 10-1000 niedriger [8] – macht den Einsatz derartiger Anlagen attraktiv. Außerdem bieten diese Systeme eine hohe Flexibilität bzgl. des Verhältnisses von Strom zu Wärme (Stromkennzahl) [9].

Wie weit sich der Leistungsbereich erstrecken wird, in dem BHKW-Brennstoffzellen-Systeme gegenüber konventionellen Technologien in Zukunft konkurrieren können, kann noch nicht eindeutig gesagt werden. Als Obergrenze werden 5-10 MW genannt [10], [11]. Dabei wird vor allem der MCFC- und der SOFC-Technologie ein hohes Potential eingeräumt, bei der zunächst Erdgas als Brennstoff problemlos eingesetzt werden kann. In diesem Zusammenhang wird auch an den Aufbau eines effizienten Brennstoffzellen-Netzwerks gedacht, bei dem ein zentraler Prozessor die Reformierung und Reinigung des Brenngases übernimmt, das dann über Pipelines zu den einzelnen Brennstoffzellen-Stacks gelangt [8]. Im Vergleich zu herkömmlichen Gasmotoren zeigt neben der MCFC und der SOFC auch die PAFC im Leistungsbereich bis 10 MW ein Potential für einen Vorsprung im Wirkungsgrad [2]. Diese Technologie ist bereits mit 200 kW kommerziell verfügbar [12].

Auch für die dezentrale Stromversorgung werden Brennstoffzellen-Systeme in Zukunft von Interesse sein. Dabei bieten sie, wie beim Einsatz in BHKW, neben ökologischen Aspekten den Vorteil, daß sie zum einen durch ihren modularen Aufbau an mittelfristige Änderungen der Leistungsanforderung angepaßt werden können, zum anderen gegenüber konventionellen Technologien ein wesentlich besseres Verhalten bei Lastwechseln im Stromnetz zeigen. Planungen gehen von einem Einsatz von Brennstoffzellen-Anlagen in einem Leistungsbereich von 0,5-100 MW aus, wobei der Wirkungsgradvorsprung gegenüber herkömmlichen Kraftwerken bei etwa 10-15 Prozent liegt [11]. Der wesentliche Vorteil dezentraler Stromversorgungseinheiten liegt in den Einsparungen durch den Wegfall von Transport- und Verteilungsnetzen, was insbesondere für schwer zugängliche Regionen, wie z. B. in Entwicklungsländern, neue Perspektiven eröffnet.

Für Anlagengrößen jenseits von 100 MW arbeiten Erdgasbefeuerte Gas- und Dampfturbinen-Kraftwerke (GuD) mit hohen Wirkungsgraden, so daß hier höchstens die SOFC-Technologie mit einem Wirkungsgradpotential von 70 Prozent konkurrieren kann.

Entwicklungsstand unterschiedlicher Brennstoffzellen-Technologien: Die aktuellen Forschungsarbeiten zur Brennstoffzellen-Technologie konzentrieren sich auf die vier Typen PAFC, PEMFC, MCFC und SOFC. Bereits im Herbst 1992 bzw.

im Sommer 1993 hatten die Unternehmen HEAG, Thyssengas GmbH und Ruhrgas AG jeweils ein 200 KW-PAFC-BHKW der Firma ONSI, USA, mit Erdgas als Brennstoff in Betrieb genommen. Ziel des Vorhabens war es nicht allein, die Brennstoffzellen-Technologie zu unterstützen, sondern durch technisch-wissenschaftliche Untersuchungen Aussagen über die Betriebseigenschaften und die wichtigsten Parameter der Anlagen zu gewinnen. Die Versuchsergebnisse bestätigten den hohen Wirkungsgrad der PAFC-Anlagen und die hervorragenden Emissionseigenschaften im Vergleich zu konventionellen Technologien [13]. Außerdem wurden Erkenntnisse über mögliche Verbesserungen mit dem Ziel einer Optimierung des Gesamtsystems gewonnen, die in die Konzeption von Nachfolgemodellen einfließen konnten [3]. Ende 1997 gab es etwa 100 dieser Anlagen vom Typ ONSI PC25, nachdem das Unternehmen innerhalb von zwei Jahren die Produktionskosten halbiert hatte [14].

Seit 1995 betreibt die Hamburgische Electricitäts-Werke AG ein Erdgas-betriebenes BHKW vom Typ ONSI PC25 A, das im August 1997 um eine Wasserstoff-betriebene Anlage erweitert wurde (ONSI PC25 C) [15]. Beide Systeme haben eine elektrische Ausgangsleistung von 200 kW (thermisch: 220 kW), womit etwa 40 Wohnungen mit Wärme und 100 mit Strom versorgt werden können. Der elektrische Wirkungsgrad des mit Wasserstoff betriebenen BHKW liegt zwei Prozentpunkte über dem mit Erdgas versorgten [16]. Der Wasserstoff wird flüssig in einem separaten Tank gelagert.

Nachdem in einer ersten Versuchsphase eine 10 kW-PEMFC-Anlage erfolgreich in Betrieb genommen wurde, begann die kanadische Firma Ballard Generation Systems (BGS), eine Tochter des kanadischen PEMFC-Herstellers und Daimler-Benz Partners Ballard, im August 1997 eine 18monatige Testphase ihres 250 kW Prototypen [17]. Das Erdgas-betriebene System mit Polymermembran ist an das Netz des ört-

lichen Energieversorgers angeschlossen und liefert kontinu-
ierlich Strom bei einer Ausgangsleistung von ca. 210 kW.

Ebenfalls im August 1997 hat die Arbeitsgemeinschaft
Schmelzkarbonat-Brennstoffzelle, ein deutsch-dänisches Konsortium, auf dem Gelände der Ruhrgas AG eine mit Erdgas
betriebene MCFC-Anlage, das sog. Hot-Module, mit einer Leistung von 280kW in Betrieb genommen [17]. Dabei wurde die
MCFC-Technologie zum erstenmal in kompakter Form – die
Anlage steht auf einer Fläche von ca. 2.5 x 6 m – präsentiert,
womit ein weiterer Schritt in Richtung Kommerzialisierung
gelang. Das Konsortium besteht neben der Ruhrgas AG und
der RWE AG aus dem dänischen Katalysatorspezialisten Hal-
dor Topsoe AS, dem ebenfalls in Dänemark ansässigen Ener-
gieunternehmen Elkraft AmbA und der Daimler-Benz Tochter
MTU Friedrichshafen GmbH. Außerdem wurde eine Zusammenarbeit mit dem weltweit führenden Know-how-Träger im
Bereich MCFC-Technologie, der amerikanischen Energy Re-
search Corporation (ERC), vertraglich fixiert. Die Arbeitsgemeinschaft plant, das Hot-Module zunächst über einen Zeitraum von 1500 Stunden zu betreiben. Vorteil der MCFC-Anlage ist, daß bei der Betriebstemperatur von 650 °C alle Arten
von Kohlenwasserstoff-Brenngasen in Wasserstoff und Kohlendioxid aufgespalten werden [18].

Industrielle Aktivitäten zur SOFC-Forschung gehen in
Deutschland von den Unternehmen Daimler-Benz und Siemens aus [19]. Daimler-Benz konzentriert sich dabei auf
BHKW im Leistungsbereich von 0.5-20 MW und arbeitet zunächst an einem modularen System mit maximal 2.2 kW elektrischer Leistung. Siemens will bis zum Jahr 2000 eine 100
kW-Anlage entwickeln. Dazu wurde bereits ein mit Wasserstoff und Luft betriebener 20 kW-Teststand aufgebaut, der
auch mit Methan erfolgreich arbeitet. Das einzige erprobte
SOFC-Komplettsystem bietet die Firma Westinghouse, USA,
unter dem Namen SureCELL an. Die Anlage hat eine Leistung

von 25 kW und eine Lebensdauer von mehr als 70 000 Stunden. Nachdem Systeme dieser Größe erfolgreich in Japan getestet wurden, baut Westinghouse derzeit eine 100 kW-Anlage in den Niederlanden auf [20].

Ziel der Firma Sulzer HEXIS AG, einer Tochter der schweizerischen Sulzer Corp., sind SOFC-Kleinsysteme mit einer Leistung von 1-200 kW. Seit Mitte 1997 werden bei den Städtischen Werken Winterthur Feldversuche mit 1 kW-Anlagen durchgeführt [21]. Weitere Tests sind mit Partnerfirmen in Europa, den USA und Japan vorgesehen. Die HEXIS-Anlage (Heat Exchanger Integrated Stack) besteht aus einem Erdgasbrenner mit integriertem SOFC-Modul (Stack, Reformer sowie Anfahr- und Zusatzbrenner). Sulzer HEXIS entwickelt auch größere Systeme mit Leistungen bis zu 50 kW. Der Markteintritt ist in Kooperation mit dem deutschen Heizanlagenhersteller Vaillant für das Jahr 2002 geplant.

Perspektiven

Brennstoffzellen verbinden in ihren technisch-physikalischen Eigenschaften Umweltfreundlichkeit mit Effizienz, d. h. niedrige Schadstoffemissionen und Geräuschentwicklungen mit hohen Wirkungsgraden. Zusammen mit einem guten Dynamikverhalten auch im Teillastbereich bedeutet dies, daß Brennstoffzellen-Systeme in technischer Hinsicht konkurrenzfähig mit herkömmlichen Technologien sind. Die Eignung als Energieversorgungssystem mit geringsten ökologischen Auswirkungen steht außer Frage, insbesondere vor dem Hintergrund einer Tendenz zu kleinen Einheiten. Offen bleibt jedoch zu diesem Zeitpunkt, inwieweit der Einsatz von Brennstoffzellen-Anlagen auch unter ökonomischen Gesichtspunkten in Zukunft vorteilhaft sein wird. Es hat sich aber in den letzten Jahren aufgrund enormer Fortschritte in der Brennstoffzellen-Entwicklung gezeigt, daß diese Systeme bereits heute in einzelnen Marktnischen konkurrenzfähig sein können [14]. So wurden Blockheizkraftwerke auf Basis eines PAFC-Systems erfolgreich am Markt eingeführt.

Welche Chancen für die Brennstoffzellen-Technologie gesehen werden, spiegelt sich auch in den anhaltenden umfangreichen Förderprogrammen der EU, der USA und Japans wider. Dabei spielen nicht nur Umweltaspekte eine Rolle, sondern auch die Suche der Industriestaaten nach High-Tech-Produkten. Nachdem die anfänglich geförderten Grundlagenuntersuchungen der Identifizierung möglicher Probleme dienten, zielen die aktuellen Förderschwerpunkte auf die Entwicklung fortschrittlicherer Brennstoffzellen-Typen, auf Materialforschung und auf Systemdemonstrationsprojekte ab [20]. Dabei geht es darum, die Basis für eine kostengünstige Produktion von Anlagen mit hoher Lebensdauer zu schaffen.

Bisher werden die meisten stationären Brennstoffzellen-Anlagen mit Erdgas betrieben, was den CO_2-Ausstoß im Vergleich zu herkömmlichen Technologien zwar verringert, aber nicht vollkommen ausschließt. Ein CO_2-freier Betrieb ist nur mit Wasserstoff als Brenngas möglich. Dies ist jedoch erst dann sinnvoll, wenn der Wasserstoff aus regenerativen Energiequellen hergestellt werden kann, da eine Produktion auf Basis fossiler Brennstoffe mit dem Ziel einer späteren energetischen Nutzung des erzeugten Wasserstoffs keine Vorteile gegenüber dem direkten Einsatz der zu seiner Herstellung benötigten Energieträger bietet. Wann ausreichend Strom aus regenerativen Quellen zur Wasserstofferzeugung durch Elektrolyse zur Verfügung stehen wird, ist zur Zeit noch eine offene Frage.

Dr. Lars Peter Thiesen, Dipl.-Phys. Uwe Küter,
Dipl.-Ing. Stefan Höller
H-TEC Wasserstoff-Energie-Systeme GmbH
Lindenstraße 48a
23558 Lübeck

Literaturangaben:

[1] R. BECKER. Theorie der Wärme, 15-17. 3. Auflage. Springer Verlag, Berlin (1985).

[2] W. DRENCKHAHN, K. HASSMANN. Brennstoffzellen als Energiewandler. Energiewirtschaftliche Tagesfragen 6, 382-389 (1993).

[3] H. NYMOEN, H. KNAPPSTEIN. Kraft-Wärme-Kopplung mit Brennstoffzellen - Erste Betriebserfahrungen mit 200-kW-PAFC. In: K. LEDJEFF (HRSG.). Brennstoffzellen: Entwicklung, Technologie, Anwendung, 63-82. 1. Auflage. C. F. Müller Verlag, Heidelberg (1995).

[4] Bundesministerium für Bildung, Wissenschaft, Forschung und Technologie. BMBF-Förderschwerpunkt Wasserstofftechnologie und Brennstoffzellen. Internetseiten HyWeb, http://www.hyweb.de (1997).

[5] NECAR 3. Wasserstoff-Erzeugung während der Fahrt. Internetseiten Daimler-Benz, http://www.daimler-benz.com (1997).

[6] L. H. HUYNH, G. RICHTER. Entwicklungsprogramme zur Brennstoffzellentechnik in den USA, Japan und EU. In: VDI Berichte Nr. 1174, 5-11. VDI-Verlag, Düsseldorf (1995).

[7] W. TILLMETZ, G. HORNBURG, G. DIETRICH. Polymermembran-Brennstoffzellensysteme. In: K. LEDJEFF (HRSG.). Brennstoffzellen: Entwicklung, Technologie, Anwendung, 121-136. 1. Auflage. C. F. Müller Verlag, Heidelberg (1995).

[8] L. X. HUYNH. Fuel Cell Programme of the European Commission. In: K. LEDJEFF (HRSG.). Brennstoffzellen: Entwicklung, Technologie, Anwendung, 17-23. 1. Auflage. C. F. Müller Verlag, Heidelberg (1995).

[9] B. BARP. Kraft-Wärme-Kopplung für die Gebäudetechnik mit SOFC-Brennstoffzellen. In: VDI Berichte Nr. 1174, 173-183. VDI-Verlag, Düsseldorf (1995).

[10] K. LEDJEFF. Brennstoffzellen - Ein Überblick. In: K. LEDJEFF (HRSG.). Brennstoffzellen: Entwicklung, Technologie, Anwendung, 25-44. 1. Auflage. C. F. Müller Verlag, Heidelberg (1995).

[11] W. DRENCKHAHN, K. REITER. Anlagenkonzeptionen und Wirtschaftlichkeit von SOFC-Kraftwerken. In: K. LEDJEFF (HRSG.). Brennstoffzellen: Entwicklung, Technologie, Anwendung, 107-120. 1. Auflage. C. F. Müller Verlag, Heidelberg (1995).

[12] W. WEINDORF, U. BÜNGER. Brennstoffzellen - Einsatzmöglichkeiten für dezentrale Energieversorgung. Sonnenenergie 1, 16-19 (1997).

[13] M. UHRIG, F. BRAMMER, H. KNAPPSTEIN.- Stand der 200 kW-PAFC-Demonstrationsvorhaben der HEAG, Ruhrgas AG und Thyssengas GmbH. In: VDI Berichte Nr. 1201, 117-128. VDI-Verlag, Düsseldorf (1995).

[14] M. A. B. NURDIN. Symposium Brennstoffzellen (ACHEMA '97). Brennstoffzellen - eine jetzt zunehmend wettbewerbsfähige Wirklichkeit für stationäre und mobile Einsatzmöglichkeiten vor dem Jahr 2000 (1997).

[15] DWV-Mittellungen 5, Deutscher-Wasserstoff-Verband (1997).

[16] Arbeitsgemeinschaft Brennstoffzellen-Pilot-BHKW. Pilotprojekt Brennstoffzellen-BHKW. Hamburgische Electricitäts-Werke AG (1997).

[17] Danish-German Molton Carbonate Fuel Cell Group Launches „Hot Module" Test. Hydrogen & Fuel Cell Letter Vol. XII/No. 9, 5 (1997).

[18] T. EWE. Das Öko-Kraftwerk. Sonderdruck aus: Bild der Wissenschaft 11, 1-8 (1996).

[19] W. DRENCKHAHN. Brennstoffzellen-Leitprojekte „SOFC". In: VDI Berichte Nr. 1201, 143-153. VDI-Verlag, Düsseldorf (1995).

[20] SOFC-V Symposium in Aachen. Brennstoffzelle 1, 3-4 (1997).

[21] Feldtests kleiner SOFCs gestartet. Internetseiten HyWeb, http://www.hyweb.de (1997).

Der SIGNET-VERLAG konzipiert, bearbeitet und verlegt Bücher für
Unternehmen und Institutionen. Eigene Publikationen werden zu den
Themen Wirtschaft, Umwelt, Ostseeraum und Regionales herausgegeben.

Verlagsanschriften:

SIGNET-VERLAG GmbH
Rote Straße 17 c · 24937 Flensburg
Gut Emkendorf (Herrenhaus) · 24802 Emkendorf

Korrespondenzbüros in Berlin und Meerbusch (b. Düsseldorf)